essentials

essentials liefern aktuelles Wissen in konzentrierter Form. Die Essenz dessen, worauf es als „State-of-the-Art" in der gegenwärtigen Fachdiskussion oder in der Praxis ankommt. *essentials* informieren schnell, unkompliziert und verständlich

- als Einführung in ein aktuelles Thema aus Ihrem Fachgebiet
- als Einstieg in ein für Sie noch unbekanntes Themenfeld
- als Einblick, um zum Thema mitreden zu können

Die Bücher in elektronischer und gedruckter Form bringen das Expertenwissen von Springer-Fachautoren kompakt zur Darstellung. Sie sind besonders für die Nutzung als eBook auf Tablet-PCs, eBook-Readern und Smartphones geeignet. *essentials:* Wissensbausteine aus den Wirtschafts-, Sozial- und Geisteswissenschaften, aus Technik und Naturwissenschaften sowie aus Medizin, Psychologie und Gesundheitsberufen. Von renommierten Autoren aller Springer-Verlagsmarken.

Weitere Bände in der Reihe http://www.springer.com/series/13088

Karim Ghaib

Einführung in die numerische Strömungsmechanik

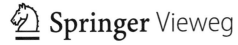

Karim Ghaib
Zwingenberg, Deutschland

ISSN 2197-6708   ISSN 2197-6716   (electronic)
essentials
ISBN 978-3-658-26922-7   ISBN 978-3-658-26923-4   (eBook)
https://doi.org/10.1007/978-3-658-26923-4

Die Deutsche Nationalbibliothek verzeichnet diese Publikation in der Deutschen Nationalbibliografie; detaillierte bibliografische Daten sind im Internet über http://dnb.d-nb.de abrufbar.

Springer Vieweg
© Springer Fachmedien Wiesbaden GmbH, ein Teil von Springer Nature 2019

Springer Vieweg ist ein Imprint der eingetragenen Gesellschaft Springer Fachmedien Wiesbaden GmbH und ist ein Teil von Springer Nature
Die Anschrift der Gesellschaft ist: Abraham-Lincoln-Str. 46, 65189 Wiesbaden, Germany

Was Sie in diesem *essential* finden können

- Mathematische Grundlagen der numerischen Strömungsmechanik
- Eine systematische Beschreibung der Erhaltungsgleichungen für Masse, Impuls und Energie
- Wichtigste Modelle zur Berechnung von Turbulenzen
- Bedeutendste Methoden zur Diskretisierung der Erhaltungsgleichungen
- Kriterien zur Beurteilung der Qualität und Feinheit der Rechennetze

Vorwort

Die Eigenschaften und Auswirkungen von Strömungen sind in vielen Bereichen der Naturwissenschaften und des Ingenieurwesens von Bedeutung. Ihre Vorhersage kann durch analytische, experimentelle und numerische Strömungsmechanik erreicht werden. Hierbei fällt der numerischen Strömungsmechanik eine immer größere Bedeutung zu. Verantwortlich dafür ist zum größten Teil die kontinuierlich steigende Leistung der Rechner. Die aktuell zur Verfügung stehenden Einzelplatzrechner sind so leistungsstark, dass die Berechnung komplexer Strömungsprobleme auf ihnen möglich ist.

Die Anwender von der numerischen Strömungsmechanik müssen einiges über die Methoden dieses Gebietes wissen. Das vorliegende Essential führt in die numerische Strömungsmechanik ein. Nach einem Überblick über mathematische Grundlagen werden die Erhaltungsgleichungen der Strömungsmechanik formuliert. Im Anschluss werden Turbulenzmodelle erläutert. Die wichtigsten numerischen Methoden werden dann beschrieben. Zum Schluss werden Arten und Beurteilungskriterien der Rechennetze angegeben.

Dieses Buch ist sowohl dem Einsteiger als auch dem Anwender auf dem Gebiet der numerischen Strömungsmechanik zu empfehlen.

Karim Ghaib

Inhaltsverzeichnis

Mathematische Grundlagen

1.1 Differenzialrechnung für Funktionen von einer Variablen

Die Strömungsmechanik beruht auf der Differenzialrechnung. In diesem und dem folgenden Abschnitt wird die Differenzialrechnung in kurzer Fassung beschrieben.

Differenzierbarkeit einer Funktion

Eine Funktion $f(x)$ ist im Punkt x_0 differenzierbar, wenn der Grenzwert

$$\lim_{\Delta x \to 0} \left(\frac{\Delta y}{\Delta x} \right) = \lim_{\Delta x \to 0} \left(\frac{f(x_0 + \Delta x) - f(x_0)}{\Delta x} \right) \tag{1.1}$$

vorhanden ist.

Man bezeichnet den Grenzwert als die erste Ableitung oder als der Differenzialquotient der Funktion $f(x)$ an der Stelle x_0 und kennzeichnet ihn durch $y'(x_0)$, $f'(x_0)$ oder $\frac{dy}{dx}\Big|_{x=x_0}$.

Geometrisch kann man die Ableitung wie folgt interpretieren. Eine Sekante S wird durch die Punkte P und Q der Funktion $f(x)$ festgelegt. Man stellt sich vor, Q wandert auf der Kurve der Funktion und strebt gegen P. Die Steigung von S geht so in die Steigung der Tangente T über. Die Ableitung der Funktion $f(x)$ an der Stelle x_0 ist demnach die Steigung der Tangente an die Kurve im Punkt P (Abb. 1.1).

© Springer Fachmedien Wiesbaden GmbH, ein Teil von Springer Nature 2019
K. Ghaib, *Einführung in die numerische Strömungsmechanik*, essentials,
https://doi.org/10.1007/978-3-658-26923-4_1

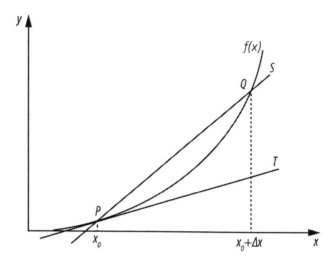

Abb. 1.1 Differenzenquotient als Sekantensteigung

Rechenregeln bei der Differenziation

Faktorenregel
Ein konstanter Faktor C darf beim Differenzieren vorgezogen werden:

$$y = Cf(x) \Rightarrow y' = Cf'(x) \tag{1.2}$$

Summenregel
Eine Summe von Funktionen darf gliedweise differenziert werden:

$$y = f_1(x) + \ldots + f_n(x) \Rightarrow y' = f_1'(x) + \ldots + f_n'(x) \tag{1.3}$$

Produktregel
Eine Funktion, die ich sich als Produkt von zwei Funktionen schreiben lässt, darf man differenzieren folgendermaßen:

$$y = u(x)v(x) \Rightarrow y' = u'(x)v(x) + u(x)v'(x) \tag{1.4}$$

Quotientenregel
Eine Funktion, die sich als Quotient zweier Funktionen darstellen lässt, darf man differenzieren wie folgt:

$$y = \frac{u(x)}{v(x)} \Rightarrow y' = \frac{u'(x)v(x) - u(x)v'(x)}{v^2(x)} \tag{1.5}$$

Kettenregel
Sind $y = f(u)$ und $u = g(x)$ differenzierbar, ist $y = f(g(x))$ folgendermaßen differenzierbar:

$$y = f(g(x)) \Rightarrow y' = f'(g(x)).g'(x) \tag{1.6}$$

Höhere Ableitungen
Durch Differenzieren einer Funktion erhält man die erste Ableitung. Wenn die differenzierte Funktion wieder differenzierbar ist, erhält man aus ihr die 2. Ableitung:

$$y'' = f''(x) = \frac{d}{dx}\left(f'(x)\right) = \frac{d}{dx}\left(\frac{dy}{dx}\right) \tag{1.7}$$

Durch wiederholtes Differenzieren gelangt man zu den Ableitungen höherer Ordnung:

$$y''' = f'''(x) = \frac{d}{dx}\left(f''(x)\right) = \frac{d}{dx}\left(\frac{d^2 y}{dx^2}\right) \tag{1.8}$$

$$\ldots$$

$$y^n = f^n(x) = \frac{d}{dx}\left(f^{n-1}(x)\right) = \frac{d}{dx}\left(\frac{d^{n-1} y}{dx^{n-1}}\right) \tag{1.9}$$

Tangente und Normale
Die Kurve in Abb. 1.2 sei durch die Funktion $y = f(x)$ definiert. $P(x_0, y_0)$ sei ein Punkt auf der Kurve. Die Tangente in P besitzt die Gleichungen:

$$m_t = f'(x_0) \tag{1.10}$$

$$m_t = \frac{y - y_0}{x - x_0} \tag{1.11}$$

Somit gilt die Gleichung für die Tangente:

$$y = (x - x_0)f'(x_0) + y_0 \tag{1.12}$$

Die Normale in P verläuft senkrecht zur Tangente und besitzt daher das negative Reziproke der Tangentensteigung:

$$m_n = -\frac{1}{m_t} \tag{1.13}$$

Somit gilt die Gleichung für die Normale:

$$y = y_0 - \frac{x - x_0}{f'(x_0)} \tag{1.14}$$

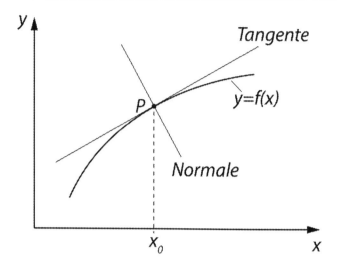

Abb. 1.2 Tangente und Normale in einem Punkt einer Kurve

1.2 Differenzialrechnung für Funktionen von mehreren Variablen

Funktion von mehreren Variablen

Unter einer Funktion von mehreren unabhängigen Variablen versteht man eine Funktionsvorschrift, die jedem n-Tupel $(x_1, x_2, \ldots, x_n)$ aus einer Menge M genau eine Zahl z aus einer Menge N zuordnet:

$$y = f(x_1, x_2, \ldots, x_n) \tag{1.15}$$

Im Gegensatz zu Funktionen mit mehr als zwei Variablen lassen sich Funktionen zweier unabhängiger Variablen grafisch darstellen. Abb. 1.3 zeigt $z = x^2 + y^2$ als Beispiel einer Funktion von mehreren Variablen. Die Fläche, die als Funktionsgraph bezeichnet wird, spiegelt einen Verlauf der Funktion wider.

Partielle Differenzierbarkeit einer Funktion

Eine Funktion $f(x_1, x_2, \ldots, x_n)$ ist im Punkt $\left(x_{1p}, x_{2p}, \ldots, x_{np}\right)$ partiell nach x_1 differenzierbar, wenn die nur von x_1 abhängige Funktion $f\left(x_1, x_{2p}, \ldots, x_{np}\right)$ den Grenzwert

$$\frac{\partial f}{\partial x_1}(x_1, x_2, \ldots, x_n) = \lim_{\Delta x_1 \to 0} \left(\frac{f\left(x_{1p} + \Delta x_1, x_{2p}, \ldots, x_{np}\right) - f\left(x_{1p}, x_{2p}, \ldots, x_{np}\right)}{\Delta x_1} \right)$$

$$\tag{1.16}$$

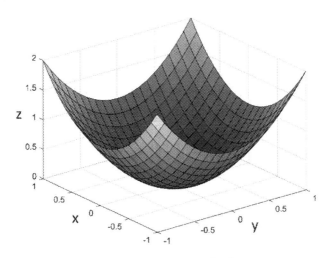

Abb. 1.3 Geometrische Darstellung der Funktion $z = x^2 + y^2$

besitzt. Man bezeichnet den Grenzwert als die partielle Ableitung der Funktion $f(x_1, x_2, \ldots, x_n)$ nach x_1 im Punkt $\left(x_{1p}, x_{2p}, \ldots, x_{np}\right)$.

Zur Unterscheidung der partiellen Ableitung einer Funktion mehrerer Variablen von der Ableitung einer Funktion einer Variable verwendet man die Schreibweisen: $f_{x_1}, \frac{\partial f}{\partial x_1}$.

Analog ist $f(x_1, x_2, \ldots, x_n)$ nach x_2 im Punkt $\left(x_{1p}, x_{2p}, \ldots, x_{np}\right)$ partiell differenzierbar, wenn der Grenzwert

$$\frac{\partial f}{\partial x_2}(x_1, x_2, \ldots, x_n) = \lim_{\Delta x_2 \to 0} \left(\frac{f\left(x_{1p}, x_{2p} + \Delta x_2, \ldots, x_{np}\right) - f\left(x_{1p}, x_{2p}, \ldots, x_{np}\right)}{\Delta x_2} \right)$$

(1.17)

existiert, usw.

Geometrisch wird die partielle Ableitung mit Hilfe von Abb. 1.4 veranschaulicht. Die partielle Ableitung von $z = f(x, y)$ nach x im $P(x_0, y_0)$ gibt die Steigung der Tangente im $P(x_0, y_0)$ parallel zur xz-Ebene an. Entsprechend gibt die partielle Ableitung von $f(x, y)$ nach y im $P(x_0, y_0)$ die Steigung der Tangente im $P(x_0, y_0)$ parallel zur yz-Ebene an.

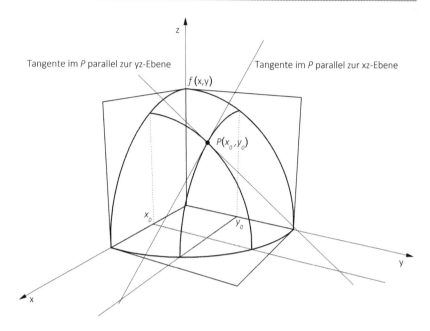

Abb. 1.4 Zum Begriff der partiellen Ableitung bei einer Funktion von zwei unabhängigen Variablen

Partielle Ableitungen höherer Ordnung

Sind die partiellen Ableitungen $\frac{\partial f}{\partial x}(x, y)$ und $\frac{\partial f}{\partial y}(x, y)$ ihrerseits wieder partiell nach x bzw. y differenzierbar, so bezeichnet man ihre partiellen Ableitungen $\frac{\partial^2 f}{\partial x^2}(x, y)$, $\frac{\partial^2 f}{\partial x \partial y}(x, y)$, $\frac{\partial^2 f}{\partial x \partial y}(x, y)$, und $\frac{\partial^2 f}{\partial y^2}(x, y)$ als partielle Ableitungen zweiter Ordnung von $f(x, y)$. Deren Ableitungen wiederum, sofern sie existieren, sind die dritten partiellen Ableitungen: $\frac{\partial^3 f}{\partial x^3}(x, y)$, $\frac{\partial^3 f}{\partial x^2 \partial y}(x, y)$, $\frac{\partial^3 f}{\partial x \partial y \partial x}(x, y)$, $\frac{\partial^3 f}{\partial y \partial x^2}(x, y)$ $\frac{\partial^3 f}{\partial x \partial y^2}(x, y)$, $\frac{\partial^3 f}{\partial y \partial x \partial y}(x, y)$, $\frac{\partial^3 f}{\partial y^2 \partial x}(x, y)$, und $\frac{\partial^3 f}{\partial y^3}(x, y)$, usw. Wenn nicht nur nach derselben Variablen differenziert wird, nennt man die partielle Ableitung höherer Ordnung gemischte partielle Ableitung. Die Reihenfolge der Differenziationen ist vertauschbar, wenn die partiellen Ableitungen stetige Funktionen sind.

Verallgemeinerte Kettenregel

Sind die unabhängigen Variablen der Funktion $y = f(x_1, x_2, \ldots, x_n)$ von einem Parameter t abhängig, dann ist die Ableitung von z:

$$\frac{dz}{dt} = \frac{\partial z}{\partial x_1} \cdot \frac{dx_1}{dt} + \frac{\partial z}{\partial x_2} \cdot \frac{dx_2}{dt} + \ldots + \frac{\partial z}{\partial x_n} \cdot \frac{dx_n}{dt} \tag{1.18}$$

Im Allgemeinen stellt der Parameter t die Zeit dar. Somit kann die Gl. (1.18) wie folgt geschrieben werden:

$$\frac{dz}{dt} = \frac{\partial z}{\partial x_1} \cdot \dot{x}_1 + \frac{\partial z}{\partial x_2} \cdot \dot{x}_2 + \ldots + \frac{\partial z}{\partial x_n} \cdot \dot{x}_n \tag{1.19}$$

Für $n = 1$ entspricht die Gl. (1.19) der Gl. (1.6).

Totales Differenzial einer Funktion

Abb. 1.5 zeigt die Fläche einer Funktion $z = f(x, y)$ und die Tangentialebene im Flächenpunkt $P(x_0, y_0, z_0)$. Die Funktionsfläche und Tangentialebene haben im Berührungspunkt P den gleichen Anstieg. Dies bedeutet, dass dort die

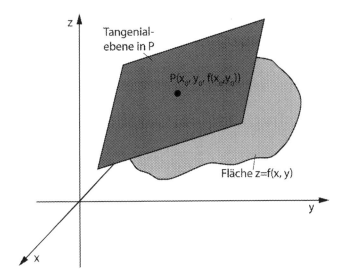

Abb. 1.5 Tangentialebene an Funktionsfläche

entsprechenden partiellen Ableitungen erster Ordnung übereinstimmen. Somit kann die Tangentialebene wie folgt beschrieben werden:

$$z - z_0 = \frac{\partial f(x,y)}{\partial x}(x - x_0) + \frac{\partial f(x,y)}{\partial y}(y - y_0) \tag{1.20}$$

In einer hinreichend kleinen Umgebung von $P(x_0, y_0)$ darf man die Fläche der Funktion $f(x,y)$ durch die zugehörige Tangentialebene ersetzen. Man nennt die Funktion $f(x,y)$ im $P(x_0, y_0)$ total differenzierbar:

$$dz = \frac{\partial f(x,y)}{\partial x}dx + \frac{\partial f(x,y)}{\partial y}dy \tag{1.21}$$

Somit versteht man unter dem totalen Differenzial einer Funktion die Linearisierung dieser Funktion. Für eine Funktion von n unabhängigen Variablen gilt:

$$dy = \frac{\partial f(x_1, x_2, \ldots, x_n)}{\partial x_1}dx_1 + \frac{\partial f(x_1, x_2, \ldots, x_n)}{\partial x_2}dx_2 + \ldots + \frac{\partial f(x_1, x_2, \ldots, x_n)}{\partial x_n}dx_n \tag{1.22}$$

Implizite Differenziation

Betrachten wir die Gleichung $x^2 + y^2 = 1$. Wenn man diese Gleichung nach y auflöst, erhält man $y = \sqrt{1 - x^2}$ oder $y = -\sqrt{1 - x^2}$. Man sagt, die Gleichung $x^2 + y^2 = 1$ beschreibt die Funktion $y = f(x)$ implizit, während die Gleichungen $y = \sqrt{1 - x^2}$ und $y = -\sqrt{1 - x^2}$ die Funktion explizit [1].

Eine implizit gegebene Funktion kann differenziert werden, ohne dabei die gegebene Gleichung vorher so aufzulösen, dass y durch x explizit ausgedrückt wird. Die Funktion $f(x,y) = 0$ in impliziter Form sei durch die Kurve in Abb. 1.6 gegeben. Dabei betrachten wir die Kurve als Schnittlinie der Fläche $z = f(x,y)$ mit der x, y-Ebene bei $z = 0$. Nach Gl. (1.22) kann das totale Differenzial der Funktion $z = f(x,y)$ folgendermaßen geschrieben werden:

$$dz = f_x(x,y)dx + f_y(x,y)dy \tag{1.23}$$

Für die Punkte der Schnittkurve ist $dz = 0$. Es folgt:

$$0 = f_x(x,y)dx + f_y(x,y)dy \tag{1.24}$$

Dividiert man die (1.24) durch dx, ergibt sich:

$$\frac{dy}{dx} = y' = -\frac{f_x(x,y)}{f_y(x,y)} \tag{1.25}$$

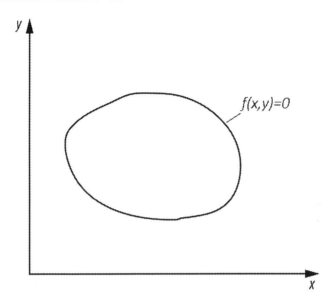

Abb. 1.6 Funktion in implizierter Form

Mithilfe der Gl. (1.25) lässt sich der Anstieg im beliebigen Punkt der Schnitt-kurve bestimmen.

Linearisierung einer Funktion
Eine nichtlineare Funktion $z = f(x, y)$ kann in der unmittelbaren Umgebung eines Flächenpunktes $P(x_0, y_0, z_0)$ über die Änderung der Tangentialebene (totales Dif-ferenzial) durch eine lineare Funktion in der Form $z = ax + by + c$ angenähert werden.

Das totale Differenzial der Funktion $z = f(x, y)$ im Flächenpunkt $P(x_0, y_0, z_0)$ kann nach Gl. (1.22) wie folgt ausgedrückt werden:

$$dz = f_x(x_0, y_0)dx + f_y(x_0, y_0)dy \tag{1.26}$$

Ersetzt man dx, dy und dz durch Δx, Δy und Δz, so folgt:

$$\Delta z = f_x(x_0, y_0)\Delta x + f_y(x_0, y_0)\Delta y \tag{1.27}$$

oder nach der Form $z = ax + by + c$:

$$z = f_x(x_0, y_0)x + f_y(x_0, y_0)y + \left(z_0 - f_x(x_0, y_0)x_0 - f_y(x_0, y_0)y_0\right) \tag{1.28}$$

Die Linearisierung ist umso besser, je kleiner Δx und Δy sind.

1.3   Potenzreihenentwicklung einer Funktion

Die Potenzreihenentwicklung einer Funktion wird in der numerischen Strömungsmechanik bei der Diskretisierung der Erhaltungsgleichungen herangezogen.

$f(x)$ sei eine Funktion in einer gewissen Umgebung von $x = x_0$ beliebig oft
differenzierbar. Unter dieser Voraussetzung lässt sich $f(x)$ in eine Potenzreihe der
Form

$$f(x) = a_0 + a_1(x - x_0)^1 + a_2(x - x_0)^2 + a_3(x - x_0)^3 + a_4(x - x_0)^4 + \dots$$
$$= \sum_{i=0}^{\infty} a_i(x - x_0)^i \qquad (1.29)$$

entwickeln.

Die ersten Ableitungen von $f(x)$ sind:

$$f'(x) = a_1 + 2a_2(x - x_0)^1 + 3a_3(x - x_0)^2 + 4a_4(x - x_0)^3 + \dots \qquad (1.30)$$

$$f''(x) = 2a_2 + 6a_3(x - x_0)^1 + 12a_4(x - x_0)^2 + \dots \qquad (1.31)$$

$$f'''(x) = 6a_3 + 24a_4(x - x_0)^1 + \dots \qquad (1.32)$$

$$f''''(x) = 24a_4 + \dots \qquad (1.33)$$

An der Stelle $x = x_0$ gilt dann:

$$f(x_0) = 0!a_0 \qquad (1.34)$$

$$f'(x_0) = 1!a_1 \qquad (1.35)$$

$$f''(x_0) = 2a_2 = 2!a_2 \qquad (1.36)$$

$$f'''(x_0) = 6a_3 = 3!a_3 \qquad (1.37)$$

$$f''''(x_0) = 4!a_4 \qquad (1.38)$$

$$\dots$$

Somit lassen sich die Koeffizienten in Gl. (1.29) wie folgt berechnen:

$$a_0 = \frac{f(x_0)}{0!} \qquad (1.39)$$

$$a_1 = \frac{f'(x_0)}{1!} \qquad (1.40)$$

$$a_2 = \frac{f''(x_0)}{2!} \tag{1.41}$$

$$a_3 = \frac{f'''(x_0)}{3!} \tag{1.42}$$

$$a_4 = \frac{f''''(x_0)}{4!} \tag{1.43}$$

$$\ldots$$

Die Funktion $f(x)$ bekommt demzufolge die Form:

$$
\begin{aligned}
f(x) &= \frac{f(x_0)}{0!} + \frac{f'(x_0)}{1!}(x-x_0)^1 + \frac{f''(x_0)}{2!}(x-x_0)^2 + \frac{f'''(x_0)}{3!}(x-x_0)^3 \\
&+ \frac{f''''(x_0)}{4!}(x-x_0)^4 + \ldots = \sum_{i=0}^{\infty} \frac{f^{(i)}(x_0)}{i!}(x-x_0)^i
\end{aligned}
\tag{1.44}
$$

Die Potenzreihe in Gl. (1.44) bezeichnet man als Taylorsche Reihe und x_0 Entwicklungszentrum oder Entwicklungspunkt.

Bricht man die Reihe nach einer Potenz ab, erhält man nur eine Näherung für $f(x)$. Abbruch nach dem n-Glied liefert:

$$f_n(x) = \frac{f(x_0)}{0!} + \frac{f'(x_0)}{1!}(x-x_0)^1 + \frac{f''(x_0)}{2!}(x-x_0)^2 + \ldots + \frac{f^{(n)}(x_0)}{n!}(x-x_0)^n \tag{1.45}$$

Die dabei vernachlässigten unendlich vielen Glieder sind:

$$
\begin{aligned}
R_n(x) &= \frac{f^{(n+1)}(x_0)}{(n+1)!}(x-x_0)^{(n+1)} + \frac{f^{(n+2)}(x_0)}{(n+2)!}(x-x_0)^{(n+2)} + \ldots = \\
&= \sum_{i=n+1}^{\infty} \frac{f^{(i)}(x_0)}{i!}(x-x_0)^i
\end{aligned}
\tag{1.46}
$$

$f(x)$ unterscheidet sich also von ihrem Näherungspolynom $f_n(x)$ durch das Restglied $R_n(x)$:

$$f(x) = f_n(x) + R_n(x) \tag{1.47}$$

Die Darstellung in Gl. (1.47) wird als Taylorsche Formel bezeichnet.

Wenn man die Funktion $f(x)$ durch das Näherungspolynom ersetzt, beschreibt das Restglied den Fehler der Näherung. Die Güte der Näherung lässt sich dabei durch die Berücksichtigung weiterer Glieder verbessern. Gleichzeitig verliert das Restglied an Bedeutung.

1.4   Lösen von linearen Gleichungssystemen

Auf lineare Gleichungssysteme stößt man in der numerischen Strömungsmechanik bei der Behandlung der Differenzengleichungen, die aus den Differenzial-gleichungen approximiert werden.

1.4.1   Matrizenschreibweise

Ein lineares Gleichungssystem von m Gleichungen und n Unbekannten $x_1, x_2, \ldots, x_n$

$$
\begin{aligned}
a_{11}x_1 + a_{12}x_2 + \ldots + a_{1n}x_n &= b_1 \\
a_{21}x_1 + a_{22}x_2 + \ldots + a_{2n}x_n &= b_2 \\
\ldots \\
a_{m1}x_1 + a_{m2}x_2 + \ldots + a_{mn}x_n &= b_m
\end{aligned}
\tag{1.48}
$$

lässt sich folgendermaßen darstellen.

$$
A\vec{x} = \vec{b} \tag{1.49}
$$

A wird Koeffizientenmatrix genannt, diese fasst die Koeffizienten zusammen:

$$
A = \begin{pmatrix}
a_{11} a_{12} \ldots a_{1n} \\
a_{21} a_{22} \ldots a_{2n} \\
\ldots \\
a_{m1} a_{m2} \ldots a_{mn}
\end{pmatrix}
\tag{1.50}
$$

x und c werden Spaltenvektoren genannt:

$$
\vec{x} = \begin{pmatrix}
x_1 \\
x_2 \\
\ldots \\
x_n
\end{pmatrix}
\tag{1.51}
$$

$$
\vec{b} = \begin{pmatrix}
b_1 \\
b_2 \\
\ldots \\
b_m
\end{pmatrix}
\tag{1.52}
$$

1.4.2 Gauß-Algorithmus

Zur Lösung linearer Gleichungsysteme hat sich der Gauß-Algorithmus, etabliert. Der Algorithmus arbeitet mit den sogenannten Äquivalenzumformungen:

- Vertauschung zweier Zeilen
- Multiplikation einer Zeile mit einer Zahl λ
- Addition des λ-fachen einer Zeile zu einer anderen Zeile

Mithilfe dieser Regeln lässt sich ein lineares System $A\vec{x} = \vec{c}$

$$
\begin{aligned}
a_{11}x_1 + a_{12}x_2 + \ldots + a_{1n}x_n &= b_1 \\
a_{21}x_1 + a_{22}x_2 + \ldots + a_{2n}x_n &= b_2 \\
&\ldots \\
a_{n1}x_1 + a_{n2}x_2 + \ldots + a_{nn}x_n &= b_n
\end{aligned}
\tag{1.53}
$$

in ein äquivalentes gestaffeltes System $A^*\vec{x} = \vec{c^*}$

$$
\begin{aligned}
c_{11}x_1 + c_{12}x_2 + \ldots + c_{1n}x_n &= d_1 \\
c_{22}x_2 + \ldots + c_{2n}x_n &= d_2 \\
&\ldots \\
c_{nn}x_n &= d_n
\end{aligned}
\tag{1.54}
$$

im Falle der Lösbarkeit überführen, aus dem sich dann die Unbekannten schrittweise berechnen lassen. Bei unserem Beispiel in Gl. (1.53) wurde ein quadratisches System der Einfachheit halber betrachtet.

Um vom System $A\vec{x} = \vec{c}$ zum System $A^*\vec{x} = \vec{c^*}$ zu kommen, können die Schritte verfolgt werden [2]:

1. Man wählt eine Gleichung aus dem System $A\vec{x} = \vec{c}$ mit einem Koeffizienten a_{11} ungleich Null als erste Gleichung in der Zeile 1.
2. Man eliminiert die Variable x_1 aus der nächsten Zeile 2, indem man die erste Gleichung mit $-a_{21}/a_{11}$ multipliziert und zur 2-Gleichung addiert. Ebenso verfährt man mit den übrigen $n-2$ Zeilen und erhält demzufolge insgesamt $n-1$ Gleichungen mit den $n-1$ Unbekannten $x_2, x_3, \ldots, x_n$.
3. Schritt 2. wird auf das reduzierte System aus $n-1$ Gleichungen angewendet, indem die Unbekannte x_2 aus Zeilen 3 bis n eliminiert wird. Nach insgesamt $n-1$ Schritten bleibt nur noch eine Gleichung mit der Unbekannten x_n übrig.
4. Die bearbeiteten Gleichungen bilden als Resultat das System $A^*\vec{x} = \vec{c^*}$, aus dem sich die Unbekannten in der Reihenfolge $x_n, x_{n-1}, \ldots, x_2, x_1$ berechnen lassen.

Zur Veranschaulichung des Gauß-Algorithmus betrachten wir das Gleichungssystem:

$$\begin{aligned} 2x_1 - 3x_2 + 5x_3 &= 18 \\ x_1 - 2x_2 + x_3 &= 12 \\ -3x_1 + 5x_2 - 7x_3 &= 2 \end{aligned} \tag{1.55}$$

In Matrizenschreibweise lautet das Gleichungssystem:

$$\left(\begin{array}{ccc|c} 2 & -3 & 5 & 18 \\ 1 & -2 & 1 & 12 \\ -3 & 5 & -7 & 2 \end{array} \right) \tag{1.56}$$

Wir multiplizieren einerseits die erste Zeile mit $-1/2$ und addieren das Ergebnis zur zweiten Zeile hinzu, und andererseits multiplizieren wir die erste Zeile mit $3/2$ und addieren das Ergebnis zur dritten Zeile hinzu. Es ergibt sich:

$$\left(\begin{array}{ccc|c} 2 & -3 & 5 & 18 \\ 0 & -1/2 & -3/2 & 3 \\ 0 & 1/2 & 1/2 & 29 \end{array} \right) \tag{1.57}$$

Jetzt addieren wir die zweite Zeile zur dritten Zeile in Gl. (1.57) hinzu. Es ergibt das äquivalente gestaffelte System:

$$\left(\begin{array}{ccc|c} 2 & -3 & 5 & 18 \\ 0 & -1/2 & -3/2 & 3 \\ 0 & 0 & -1 & 32 \end{array} \right) \tag{1.58}$$

Aus der dritten Zeile in Gl. (1.58) folgt $x_3 = -32$. Mit diesem Wert erhält man aus der zweiten Zeile $x_2 = 90$ und schließlich aus der ersten Zeile $x_1 = 224$.

Der Gauß-Algorithmus lässt sich leicht auf Computern implementieren; allerdings begehen die Rechenmaschinen oft Rundungsfehler, die zu großen Ungenauigkeiten in den Lösungen führen. Um solche Fehler möglichst klein zu halten, werden die Zeilen in jedem Schritt so vertauscht, dass die Zeile mit dem betragsgrößten Koeffizienten als oberste Gleichung gewählt wird. Man nennt die Vorgehensweise Pivotisierung.

1.4.3 Iterative Algorithmen

Große lineare Gleichungssysteme haben oft sehr viele Nullen in ihren Koeffizientenmatrizen, man spricht hier von dünn besetzten Matrizen. Zur Lösung solcher Systeme benutzt man vorzugsweise iterative Verfahren. Diese ermitteln sukzessive

Näherungen an die exakte Lösung durch wiederholtes Ausführen einer festgelegten Rechenvorschrift wie das Gauß-Seidel-Verfahren und Jacobi-Verfahren.

Gauß-Seidel-Verfahren

Zur Erläuterung des Gauß-Seidel-Verfahrens betrachten wir wieder das lineare Gleichungssystem in Gl. (1.53). Alle Diagonaleinträge a_{11}, a_{22}, ..., a_{nn} seien ungleich null.

Jede Zeile im Gleichungssystem lösen wir nach der Unbekannten x_i wie folgt auf:

$$x_i = \left(b_i - \sum_{k=1}^{i-1} a_{ik}x_k - \sum_{k=i+1}^{n} a_{ik}x_k \right) / a_{ii} \tag{1.59}$$

Mit vorgegebenen Anfangswerten für x_1, ..., x_{i-1}, x_{i+1}, ..., x_n kann man somit einen Schätzwert für x_i ermitteln. Wir führen dies nun Schritt für Schritt für x_1, ..., x_n durch:

$$x_1^{(2)} = \frac{\left(b_1 - \sum_{k=2}^{n} a_{1k}x_k^{(1)} \right)}{a_{11}}$$

$$\cdots$$

$$x_2^{(2)} = \frac{\left(b_1 - a_{21}x_1^{(2)} - \sum_{k=3}^{n} a_{2k}x_k^{(1)} \right)}{a_{22}} \tag{1.60}$$

$$x_n^{(2)} = \frac{\left(b_n - \sum_{k=1}^{n-1} a_{nk}x_k^{(2)} \right)}{a_{nn}}$$

und wiederum Iteration für Iteration, bis eine Lösung mit ausreichender Genauigkeit erreicht wird. Die Zahl in Klammern in Hochstellung bezeichnet den Iterationsschritt. Dieses Verfahren wird Gauß-Seidel-Verfahren genannt.

Die Konvergenz des Gauß-Seidel-Verfahrens liegt vor, wenn die Koeffizientenmatrix diagonaldominant ist, d. h. wenn der Betrag des Diagonalelementes der i-ten Zeile größer ist als die Summe der Beträge der Außerdiagonalelemente dieser Zeile.

$$|a_{ii}| > \sum_{\substack{k=1 \\ k \neq i}}^{n} |a_{ik}| \tag{1.61}$$

Das Gauß-Seidel-Verfahren soll durch das folgende Beispiel veranschaulicht werden.

Tab. 1.1 Näherungs-
lösungen für 10 Iterationen

	$x_1^{(j)}$	$x_2^{(j)}$	$x_3^{(j)}$
$j = 1$	0,00000	0,00000	0,00000
$j = 2$	0,20000	0,38000	0,24667
$j = 3$	0,40133	0,55920	0,37720
$j = 4$	0,49912	0,65053	0,44132
$j = 5$	0,54847	0,69592	0,47356
$j = 6$	0,57308	0,71865	0,48965
$j = 7$	0,58539	0,73002	0,49770
$j = 8$	0,59155	0,73570	0,50172
$j = 9$	0,59462	0,73854	0,50374
$j = 10$	0,59616	0,73996	0,50474

Gegeben ist das lineare Gleichungssystem:

$$\begin{aligned} 10x_1 - 4x_2 - 2x_3 &= 2 \\ -4x_1 + 10x_2 - 4x_3 &= 3 \\ -6x_1 - 2x_2 + 12x_3 &= 1 \end{aligned} \tag{1.62}$$

Mit der Startschätzung $\begin{pmatrix} 0 \\ 0 \\ 0 \end{pmatrix}$ von $x_i^{(1)}$ ermitteln wir die Komponenten von $x_i^{(2)}$:

$$x_1^{(2)} = \frac{(2 - (-4) \times 0 - (-2) \times 0)}{10} = 0,2$$

$$x_2^{(2)} = \frac{(3 - (-4) \times 0,2 - (-4) \times 0)}{10} = 0,38 \tag{1.63}$$

$$x_3^{(2)} = \frac{(1 - (-6) \times 0,2 - (-2) \times 0,38)}{12} = 0,24667$$

Tab. 1.1 zeigt die ersten fünf Dezimalstellen der Näherungslösungen nach der jeweiligen j-ten Iteration. Je mehr Iterationen durchgeführt werden, desto genauer wird die Lösung.

Die Konvergenz kann durch Einführen sogenanntes Relaxationsverfahren beschleunigt werden. Dabei werden die Änderungen der gesuchten Variablen mi folgender Berechnungsvorschrift entweder vergrößert oder verkleinert:

$$x_i^{(j)} = \omega \left(\frac{b_1 - \sum_{k=1}^{i-1} a_{ik} x_k^{(j)} - \sum_{k=i+1}^{n} a_{ik} x_k^{(j-1)}}{a_{ii}} \right) + (1 - \omega) x_i^{(j-1)} \tag{1.64}$$

ω wird Relaxationskoeffizienten genannt. Liegt ω zwischen 0 und 1, so handelt es sich um eine Unterrelaxation; liegt er zwischen 1 und 2, handelt es sich um eine Überrelaxation. ω kann nur durch Probieren bestimmt werden [3].

Jacobi-Verfahren
Wie das Gauß-Seidel-Verfahren setzt das Jacobi-Verfahren nichtverschwindende Diagonalelemente voraus. Bei dem Verfahren wird allerdings die neue Iterierte $x^{(j)}$ ausschließlich mittels der alten Iterierten $x^{(j-1)}$ ermittelt.

$$x_i^{(j)} = \frac{b_i - \sum_{k=1}^{i-1} a_{ik} x_k^{(j-1)} - \sum_{k=i+1}^{n} a_{ik} x_k^{(j-1)}}{a_{ii}} \quad (1.65)$$

1.5   Vektoralgebra und -analyse

Kenntnisse in Vektoralgebra und –analyse werden im Gebiet der numerischen Strömungsmechanik vorausgesetzt. In diesem Abschnitt wird dieses Teilgebiet der Mathematik kurz eingegangen.

Unter Vektoren versteht man Größen, die eine Richtung und einen Betrag besitzen. Der Betrag ist immer größer oder gleich Null. Mit Buchstabensymbolen, die mit einem Pfeil in der Form $\vec{\phi}$ versehen werden, werden Vektoren kennzeichnet. Geometrisch werden sie durch Pfeil dargestellt (Abb. 1.7).

In einem kartesischen Koordinatensystem (Abb. 1.8) gilt für einen Vektor $\vec{\phi}$:

$$\vec{\phi} = \vec{\phi}_x + \vec{\phi}_y + \vec{\phi}_z = \phi_x \vec{e}_x + \phi_y \vec{e}_y + \phi_z \vec{e}_z = \begin{pmatrix} \phi_x \\ \phi_y \\ \phi_z \end{pmatrix} \quad (1.66)$$

$\vec{\phi}_x$, $\vec{\phi}_y$ und $\vec{\phi}_z$ werden Vektorkomponenten von $\vec{\phi}$ genannt, ϕ_x, ϕ_y und ϕ_z Vektorkoordinaten, $\vec{e}_x$, $\vec{e}_y$ und $\vec{e}_z$ Einheitsvektoren, und $\begin{pmatrix} \phi_x \\ \phi_y \\ \phi_z \end{pmatrix}$ Spaltenvektor.

Abb. 1.7 Symbolische Darstellung von Vektoren

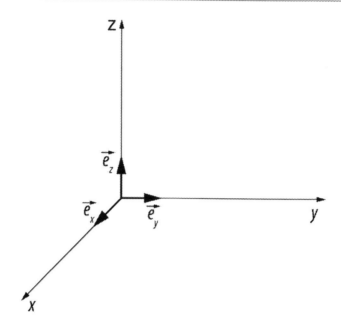

Abb. 1.8 Kartesisches Koordinatensystem

Die Länge bzw. der Betrag des Vektors $\vec{\phi}$ lässt sich wie folgt berechnen:

$$\left|\vec{\phi}\right| = \sqrt{\phi_x^2 + \phi_y^2 + \phi_z^2} \tag{1.67}$$

1.5.1 Vektoroperationen

Zu den Vektoroperationen gehören:

- Addition von Vektoren
- Subtraktion von Vektoren
- Multiplikation eines Vektors mit einem Skalar
- Skalarprodukt zweier Vektoren
- Vektorprodukt zweier Vektoren

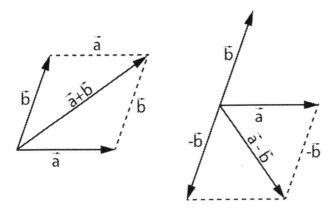

Abb. 1.9 Addition und Subtraktion von Vektoren

Die Summe zweier Vektoren ist ein Vektor. Die Addition erfolgt komponentenweise. Entsprechend ist die Subtraktion erklärt. Addiert bzw. subtrahiert man die
zwei Vektoren

$$\vec{a} = \begin{pmatrix} a_x \\ a_y \\ a_z \end{pmatrix} \tag{1.68}$$

und

$$\vec{b} = \begin{pmatrix} b_x \\ b_y \\ b_z \end{pmatrix} \tag{1.69}$$

erhält man:

$$\vec{a} \pm \vec{b} = \begin{pmatrix} a_x \pm b_x \\ a_y \pm b_y \\ a_z \pm b_z \end{pmatrix} \tag{1.70}$$

Abb. 1.9 stellt die Operationen geometrisch.

Das Produkt eines Skalars λ mit einem Vektor $\vec{a}$ ist wieder ein Vektor $\lambda \vec{a}$. Die
Multiplikation wird komponentenweise durchgeführt:

$$\lambda \vec{a} = \lambda \begin{pmatrix} a_x \\ a_y \\ a_z \end{pmatrix} = \begin{pmatrix} \lambda a_x \\ \lambda a_y \\ \lambda a_z \end{pmatrix} \tag{1.71}$$

Geometrisch entspricht dies der Streckung des Vektors $\vec{\phi}$ um den Faktor λ (Abb. 1.10).
Als nächste Operation ist die skalare Multiplikation zweier Vektoren. Sie erzeugt aus den Vektoren einen Skalar. Es gilt:

$$\vec{a} \cdot \vec{b} = |\vec{a}| \cdot |\vec{b}| \cdot \cos(\alpha) \tag{1.72}$$

wenn α der zwischen $0°$ und $180°$ gelegene Winkel zwischen den Vektoren $\vec{a}$ und $\vec{b}$ ist (Abb. 1.11).

Das Skalarprodukt der Vektoren $\vec{a}$ und $\vec{b}$ kann auch direkt aus den skalaren Komponenten der beiden Vektoren bestimmt werden:

$$\vec{a} \cdot \vec{b} = \left(a_x\vec{e}_x + a_y\vec{e}_y + a_z\vec{e}_z \right) \cdot \left(b_x\vec{e}_x + b_y\vec{e}_y + b_z\vec{e}_z \right) = a_xb_x + a_yb_y + a_zb_z \tag{1.73}$$

Skalarprodukte von zwei verschiedenen Einheitsvektoren (Abb. 1.8) haben den Wert 0, da $\cos(90°)$ 0 beträgt. Die von zwei gleichen Einheitsvektoren haben den Wert 1, da $\cos(0°)$ 1 beträgt.

Abb. 1.10 Multiplikation eines Vektors mit einem Skalar

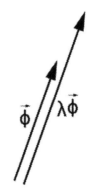

Abb. 1.11 Winkel zwischen $\vec{a}$ und $\vec{b}$

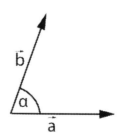

Die letzte Operation ist das Vektorprodukt zweier Vektoren. Es erzeugt aus zwei Vektoren $\vec{a}$ und $\vec{b}$ einen neuen Vektor $\vec{c} = \vec{a} \times \vec{b}$, der sowohl zu $\vec{a}$ als auch zu $\vec{b}$ orthogonal ist und in die Richtung weist, in die der Mittelfinger der rechten Hand zeigt, wenn der Daumen in Richtung von $\vec{a}$ und der Zeigefinger in Richtung von $\vec{b}$ deutet, wie die Abb. 1.12 zeigt (Dreifingerregel).

Der Betrag von $\vec{c}$ ist gleich dem Produkt aus den Beträgen der Vektoren $\vec{a}$ und $\vec{b}$ und dem Sinus des eingeschlossenen Winkels α, der zwischen $0°$ und $180°$ liegt:

$$\vec{c} = \vec{a} \times \vec{b} = |\vec{a}| \cdot \left|\vec{b}\right| \cdot \sin(\alpha) \tag{1.74}$$

Vektorprodukt zweier vom Nullvektor verschiedener Vektoren hat den Wert 0, wenn α $0°$ oder $180°$ beträgt, da $\sin(0°)$ und $\sin(180°)$ gleich 0 sind.

Einheitsvektoren (Abb. 1.8) hängen folgendermaßen zusammen:

$$\vec{e}_x \times \vec{e}_x = \vec{e}_y \times \vec{e}_y = \vec{e}_z \times \vec{e}_z = 0 \tag{1.75}$$

$$\vec{e}_x \times \vec{e}_y = \vec{e}_z = -\vec{e}_y \times \vec{e}_x \tag{1.76}$$

$$\vec{e}_y \times \vec{e}_z = \vec{e}_x = -\vec{e}_z \times \vec{e}_y \tag{1.77}$$

$$\vec{e}_z \times \vec{e}_x = \vec{e}_y = -\vec{e}_x \times \vec{e}_z \tag{1.78}$$

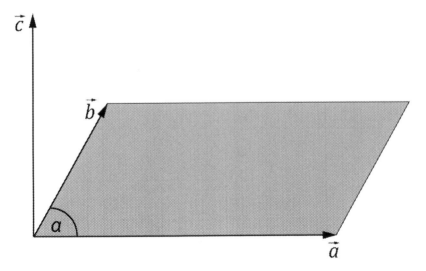

Abb. 1.12 Vektorprodukt zweier Vektoren

$\vec{a} \times \vec{b}$ kann somit direkt aus den Komponenten der beiden Vektoren bestimmt werden:

$$
\begin{aligned}
\vec{a} \times \vec{b} &= \left(a_x\vec{e}_x + a_y\vec{e}_y + a_z\vec{e}_z\right) \times \left(b_x\vec{e}_x + b_y\vec{e}_y + b_z\vec{e}_z\right) \\
&= \left(a_yb_z - a_zb_y\right)\vec{e}_x + (a_zb_x - a_xb_z)\vec{e}_y + \left(a_xb_y - a_yb_x\right)\vec{e}_z
\end{aligned} \tag{1.79}
$$

1.5.2 Projektion eines Vektors auf einen zweiten Vektor

$\vec{a}$ und $\vec{b}$ seien Vektoren, die miteinander einen Winkel α einschließen, wie Abb. 1.13 zeigt. $\vec{b}_a$ bezeichnet die Projektion von $\vec{b}$ auf $\vec{a}$. Es gilt:

$$
\left|\vec{b}_a\right| = \left|\vec{b}\right|.\cos(\alpha) \tag{1.80}
$$

Nach der Definition des Skalarprodukts (Gl. (1.72)) erhält man:

$$
\vec{a}.\vec{b} = |\vec{a}|.\left|\vec{b}\right|.\cos(\alpha) = |\vec{a}|.\left|\vec{b}_a\right| \tag{1.81}
$$

Daraus ergibt sich:

$$
\left|\vec{b}_a\right| = \frac{\vec{a}}{|\vec{a}|}.\vec{b} = \vec{e}_x.\vec{b} \tag{1.82}
$$

$\vec{e}_x$ ist der Einheitsvektor in Richtung von $\vec{a}$.

Abb. 1.13 Projektion eines Vektors auf einen zweiten Vektor

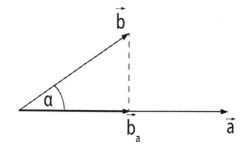

1.5.3 Differenziation eines Vektors nach einem Parameter

Abb. 1.14 zeigt eine Kurve in vektorieller Darstellung in einem kartesischen Koordinatensystem. Die Kurve kann durch den parameterabhängigen Ortsvektor:

$$\vec{a}(t) = x(t)\vec{e}_x + y(t)\vec{e}_y + z(t)\vec{e}_z \tag{1.83}$$

beschrieben werden ($t_1 \leq t \leq t_2$). Man unterscheidet zwischen freien Vektoren, linienflüchtigen Vektoren und ortsgebundenen Vektoren. Erstere können parallel verschoben werden. Zweitere dürfen nur entlang der Geraden verschoben werden, die durch ihre Richtung festgelegt ist. Letztere besitzen einen festen Angriffs-punkt, den Koordinatenursprung, und dürfen nicht verschoben werden [4].

$R(t)$ und $S(t + \Delta t)$ seien zwei benachbarte Punkte in der Kurve in Abb. 1.14, die die Ortsvektoren $\vec{a}(t)$ und $\vec{a}(t + \Delta t)$ besitzen. Subtrahiert man $\vec{a}(t)$ von $\vec{a}(t + \Delta t)$, und dividiert durch Δt, erhält man den Vektor:

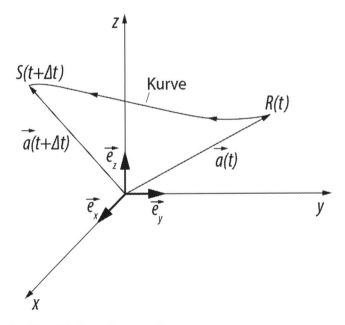

Abb. 1.14 Vektorielle Darstellung einer Kurve

$$\frac{\vec{a}(t + \Delta t) - \vec{a}(t)}{\Delta t} = \left(\frac{x(t + \Delta t) - x(t)}{\Delta t}\right)\vec{e}_x + \left(\frac{y(t + \Delta t) - y(t)}{\Delta t}\right)\vec{e}_y$$
$$+ \left(\frac{z(t + \Delta t) - z(t)}{\Delta t}\right)\vec{e}_z = \frac{\Delta\vec{a}}{\Delta t} \tag{1.84}$$

Bei dem Grenzwert $\Delta t \to 0$ geht der Vektor $\Delta\vec{a}/\Delta t$ in den Tangentenvektor im Kurvenpunkt $R(t)$:

$$\lim_{\Delta t \to 0} \frac{\Delta\vec{a}}{\Delta t} = \dot{x}(t)\vec{e}_x + \dot{y}(t)\vec{e}_y + \dot{z}(t)\vec{e}_z = \dot{\vec{a}} \tag{1.85}$$

Er bestimmt die Richtung der Tangente in $R(t)$ (Abb. 1.15).

Dividiert man $\dot{\vec{a}}$ durch seinen Betrag (Normierung), erhält man den sog. Tangenteneinheitsvektor ($\vec{T}$):

$$\frac{\dot{\vec{a}}}{\left|\dot{\vec{a}}\right|} = \vec{T} \tag{1.86}$$

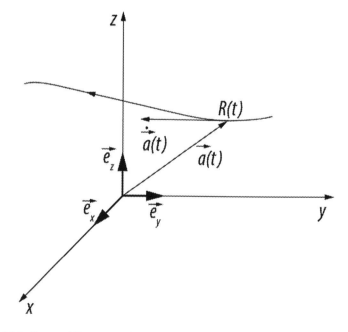

Abb. 1.15 Orts- und Tangentenvektor in einem Punkt

Differenziert man die skalare Multiplikation $\vec{T}.\vec{T}$, ergibt sich (Siehe Abschn. 1.1):

$$\frac{d}{dt}\left(\vec{T}.\vec{T}\right) = 2\vec{T}.\frac{d\vec{T}}{dt} = 2\vec{T}.\dot{\vec{T}} = 0 \qquad (1.87)$$

weil $\vec{T}.\vec{T} = 1$.

Gl. (1.87) bedeutet, dass $\dot{\vec{T}}$ senkrecht auf dem Tangenteneinheitsvektor $\vec{T}$ steht. Normiert man $\dot{\vec{T}}$, erhält man den sog. Hauptnormaleneinheitsvektor $\vec{N}$:

$$\frac{\dot{\vec{T}}}{\left|\dot{\vec{T}}\right|} = \vec{N} \qquad (1.88)$$

1.5.4 Flächen im Raum

Eine Fläche in einem kartesischen Koordinatensystem lässt sich folgendermaßen beschreiben:

$$\vec{A} = x(u,v)\vec{e}_x + y(u,v)\vec{e}_y + z(u,v)\vec{e}_z \qquad (1.89)$$

Die Vektorkoordinaten x, y und z sind Funktionen der beiden Variablen u und v.

Sind u und v Funktionen einer Variablen t, so beschreibt der Ortsvektor

$$\vec{A}(t) = x(u(t),v(t))\vec{e}_x + y(u(t),v(t))\vec{e}_y + z(u(t),v(t))\vec{e}_z \qquad (1.90)$$

eine auf der Fläche verlaufende Kurve.

Nun wird eine Fläche durch sog. Parameterlinien [5] durchgezogen, wobei u oder v konstant gehalten wird, wie Abb. 1.16 veranschaulicht.

Die Änderung des Ortsvektors in Richtung der Parameterlinien lässt sich durch die Tangentenvektoren beschreiben:

$$\vec{T}_u = \frac{\partial \vec{A}}{\partial u} \qquad (1.91)$$

$$\vec{T}_v = \frac{\partial \vec{A}}{\partial v} \qquad (1.92)$$

Sind $\vec{T}_{uP}$ und $\vec{T}_{vP}$ Tangentenvektoren in einem Punkt P der Fläche und ist das Vektorprodukt $\vec{T}_{uP} \times \vec{T}_{vP}$ ungleich 0, steht $\vec{T}_{uP} \times \vec{T}_{vP}$ senkrecht auf der

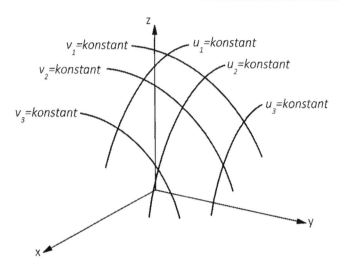

Abb. 1.16 Fläche durchgezogen durch Parameterlinien

Tangentialebene des Flächenpunktes P. Dividiert man $\vec{T}_{uP} \times \vec{T}_{vP}$ durch seinen Betrag, erhält man die sog. Flächennormale ($\vec{N}$):

$$\frac{\vec{T}_{uP} \times \vec{T}_{vP}}{\left|\vec{T}_{uP} \times \vec{T}_{vP}\right|} = \vec{N} \qquad (1.93)$$

Die infinitesimale Fläche des Parallelogramms (dA), das durch die Vektoren $du.\vec{T}_{uP}$ und $dv.\vec{T}_{vP}$ aufgespannt wird, nennt man das Flächenelement im Punkt P [6]. dA ist somit:

$$dA = \left|du.\vec{T}_{uP} \times dv.\vec{T}_{vP}\right| \qquad (1.94)$$

$d\vec{A}$ bzw. $du.\vec{T}_{uP} \times dv.\vec{T}_{vP}$ bezeichnet man als vektorielle Fläche.

1.5.5 Differenziation von Feldern: Gradient und Divergenz

Die wichtigsten Arten der Felder sind Skalar- und Vektorfelder [7]. In Skalarfeldern wird jedem Raumpunkt eine skalare Größe wie Dichte, Druck und Temperatur zugeordnet. In Vektorfeldern wird jedem Raumpunkt eine vektorielle

Größe wie Geschwindigkeit und Kraft zugeordnet. Flächen im Raum, auf denen das Feld konstant ist, werden Niveauflächen genannt.

Gradient eines Skalarfeldes
Der Gradient eines Skalarfeldes beschreibt die Veränderung in dem Feld. Für jeden Raumpunkt eines Feldes $\phi(x, y, z)$ liefert der Gradient eine vektorielle Größe, die ein Maß für die räumliche Veränderung von ϕ ist.
Der Gradient von $\phi(x, y, z)$ lässt sich wie folgt schreiben:

$$grad\phi = \vec{\nabla}\phi = \frac{\partial \phi}{\partial x}\vec{e}_x + \frac{\partial \phi}{\partial y}\vec{e}_y + \frac{\partial \phi}{\partial z}\vec{e}_z \qquad (1.95)$$

$\vec{\nabla}$ ist der Nabla-Operator, $\vec{e}_x$, $\vec{e}_y$ und $\vec{e}_z$ sind die Einheitsvektoren des Koordinatensystems.
Der Gradient entsteht dadurch, dass ϕ partiell nach den jeweiligen Raumkoordinaten abgeleitet wird und die resultierten Ableitungen zu einem Vektor zusammengefasst werden. Daher gibt der Gradient für jeden Punkt des Feldes den Betrag und die Richtung der Veränderung.
Folgende Rechenregeln gelten für Gradienten:

$$gradC = 0 \qquad (1.96)$$

$$grad(C\phi) = Cgrad(\phi) \qquad (1.97)$$

$$grad(\phi + \psi) = grad(\phi) + grad(\psi) \qquad (1.98)$$

$$grad(\phi + C) = grad(\phi) \qquad (1.99)$$

$$grad(\phi\psi) = \phi grad(\psi) + \psi grad(\phi) \qquad (1.100)$$

ϕ und ψ sind skalare Felder, C ist eine Konstante [6].

Divergenz eines Vektorfeldes
Die Divergenz beschreibt die Quellstärke eines Vektorfeldes $\vec{F}$. Ist die Divergenz von $\vec{F}$ ungleich Null, so befindet sich eine Quelle oder Senke im betrachteten Volumenelement. Ist die Divergenz von $\vec{F}$ gleich Null, so befindet sich weder eine Quelle noch eine Senke im Volumenelement.
Die Divergenz von $\vec{F}$ lässt sich wie folgt schreiben:

$$div\vec{F} = \vec{\nabla}.\vec{F} = \frac{\partial F}{\partial x} + \frac{\partial F}{\partial y} + \frac{\partial F}{\partial z} \qquad (1.101)$$

Folgende Rechenregeln gelten für Divergenzen:

$$div\,\vec{V} = 0 \tag{1.102}$$

$$div\left(\phi\vec{F}\right) = \phi\,div\left(\vec{F}\right) + \vec{F}grad(\phi) \tag{1.103}$$

$$div\left(C\vec{F}\right) = Cdiv\vec{F} \tag{1.104}$$

$$div\left(\vec{F} + \vec{G}\right) = div\vec{F} + div\vec{G} \tag{1.105}$$

$$div\left(\vec{F} + \vec{V}\right) = div\vec{F} \tag{1.106}$$

$$div\,grad(F) = \vec{\nabla}.\vec{\nabla}F = \Delta F = \frac{\partial^2 F}{(\partial x)^2} + \frac{\partial^2 F}{(\partial y)^2} + \frac{\partial^2 F}{(\partial z)^2} \tag{1.107}$$

$\vec{G}$ ist ein Vektorfeld, ϕ ein skalares Feld, $\vec{V}$ ein konstanter Vektor, C eine Konstante, und Δ der Laplace-Operator.

1.5.6 Oberflächenintegrale

$\vec{v}$ sei eine konstante Strömungsgeschwindigkeit eines Fluides. Senkrecht zur Strömungsrichtung wird ein ebenes durchlässiges Flächenelement gebracht (Abb. 1.17). In der Zeit Δt fließt das quaderförmige Volumenelement

$$\Delta V = v\Delta A\Delta t = \Delta A\Delta s \tag{1.108}$$

durch das Flächenelement. Δs ist die Strecke, die ein Fluidteilchen in Δt zurücklegt. Für den Fluidfluss gilt:

$$\frac{\Delta V}{\Delta t} = v\Delta A = \vec{v}.\Delta\vec{A} = \left(\vec{v}.\vec{N}\right)\Delta A \tag{1.109}$$

$\Delta\vec{A}$ und $\vec{N}$ (Abb. 1.17) sind das vektorielle Flächenelement und die Flächennormale, die senkrecht auf dem Flächenelement ΔA stehen (siehe Abschn. 1.5.4).

Nun wird ein Flächenelement ΔA, das in dem Strömungsfeld schiefliegt, wie Abb. 1.18 zeigt, betrachtet. Für den Fluidfluss gilt:

$$\frac{\Delta V}{\Delta t} = v_N\Delta A = \left(\vec{v}.\vec{N}\right)\Delta A = \vec{v}.\Delta\vec{A} \tag{1.110}$$

v_N ist die Projektion von $\vec{v}$ auf die Flächennormale $\vec{N}$ (siehe Abschn. 1.5.2).

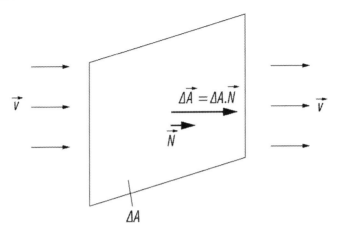

Abb. 1.17 Fluidströmung durch ein zur Strömungsrichtung senkrecht orientiertes Flächenelement

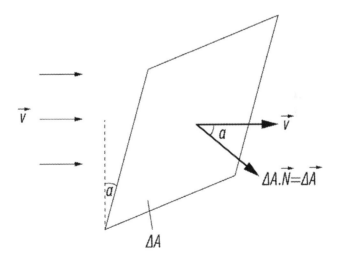

Abb. 1.18 Fluidströmung durch ein Flächenelement, das zur Strömungsrichtung schiefliegt

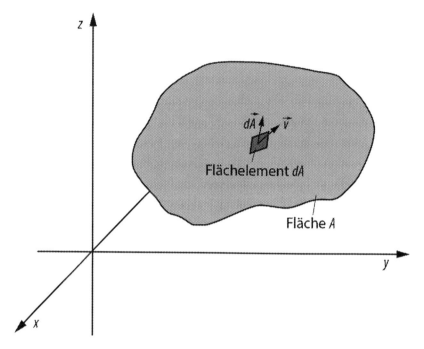

Abb. 1.19 Fluidströmung durch ein Flächenelement einer gekrümmten räumlichen Fläche

Eine gekrümmte Fläche und eine ortsabhängige Strömungsgeschwindigkeit werden jetzt betrachtet. Die Fläche wird in so viele Flächenelemente zerlegt, sodass diese als eben angenommen werden dürfen und die Fluidgeschwindigkeit auf einem Flächenelement als konstant angenommen werden darf (Abb. 1.19). Der Fluidfluss durch die gesamte Fläche ist somit:

$$\oiint_{(A)} \vec{v}.d\vec{A} = \oiint_{(A)} \left(\vec{v}.\vec{N}\right) dA \tag{1.111}$$

Das Integral bezeichnet man als Oberflächenintegral.

1.5.7 Gaußscher Integralsatz

Ein Fluid mit konstanter Dichte und dem Geschwindigkeitsfeld $\vec{v}$ durchströme einen Quader, wie Abb. 1.20 darstellt. Im Volumenelement dV im Quader wird

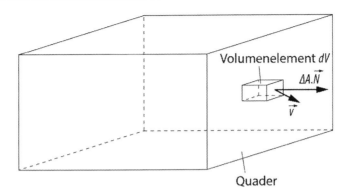

Abb. 1.20 Fluidströmung durch einen Quader

der Fluidfluss $div\,\vec{v}$ erzeugt oder vernichtet, abhängig davon, ob eine Quelle oder Senke im Volumenelement ist. Im gesamten Quader wird somit der Fluidfluss $\iiint_{(V)} div\,\vec{v}\,dV$ erzeugt oder vernichtet.

Die Fluidmenge muss aber durch die Quaderoberfläche hindurchfließen. Somit gilt:

$$\iiint_{(V)} div\,\vec{v}\,dV = \oiint_{(A)} \left(\vec{v}.\vec{N}\right) dA \qquad (1.112)$$

Diese Beziehung zwischen dem Volumen- und dem Oberflächenintegral wird den gaußschen Integralsatz genannt. Der Satz besitzt die Deutung: das Volumenintegral misst die Quellstärke eines Vektorfelds aus Flusslinien in einem ganzen Raum. Beträgt das Integral 0, so beginnen und enden die Flusslinien im Raum nicht. Ist das Integral ungleich 0, so entstehen im Raum Flusslinien oder sie enden dort. Das Oberflächenintegral misst, wie viele Flusslinien hinein- und hinausführen. Die Flächennormale im Integral sorgt dafür, dass hinein- und hinausführende Flusslinien mit entgegengesetztem Vorzeichen in das Integral eingehen.

Erhaltungsgleichungen

2

Ein Strömungsproblem wird mathematisch durch die Erhaltungsgleichungen für Masse, Impuls und Energie beschrieben. Diese besitzen einen ähnlichen Aufbau, der folgendermaßen formuliert werden kann:

$$\frac{\partial(\rho\phi)}{\partial t} + \vec{\nabla}.(\rho\phi\vec{v}) = \vec{\nabla}.\Gamma\vec{\nabla}\phi + \dot{Q} \tag{2.1}$$

ρ ist die Dichte, ϕ eine Strömungsgröße, v die Strömungsgeschwindigkeit, Γ der Diffusionskoeffizient, und $\dot{Q}$ berücksichtigt alle sonstigen Quellen und Senken von ϕ.

In Worten lautet Gl. (2.1):

Term der zeitlichen Änderung + Konvektiver Term = Diffusiver Term + Quell - /Senkterm $\tag{2.2}$

2.1 Massenerhaltungsgleichung

Setzt man 1 für ϕ und 0 für $\dot{Q}$ in Gl. (2.1) ein, erhält man die Massenerhaltungsgleichung (Kontinuitätsgleichung):

$$\frac{\partial\rho}{\partial t} + \vec{\nabla}.(\rho\vec{v}) = 0 \tag{2.3}$$

Die Gleichung besagt, dass die Masse nicht verschwinden kann.

Die Massenerhaltungsgleichung kann wie folgt hergeleitet werden. In einem Volumenelement $dxdydz$ in einem kartesischen Koordinatensystem (Abb. 2.1) ist

© Springer Fachmedien Wiesbaden GmbH, ein Teil von Springer Nature 2019
K. Ghaib, *Einführung in die numerische Strömungsmechanik,* essentials,
https://doi.org/10.1007/978-3-658-26923-4_2

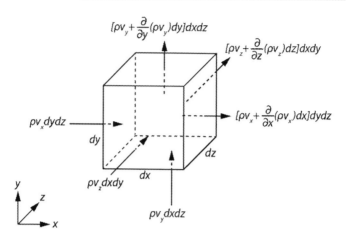

Abb. 2.1 Volumenelement mit ein- und ausströmenden Massenströmen

die Summe der Massenänderung pro Zeiteinheit durch Dichteänderung plus der Differenz der aus- und einfließenden Massenströme gleich null:

$$\frac{\partial \rho}{\partial t}dxdydz + \left[\rho v_x + \frac{\partial(\rho v_x)}{\partial x}dx\right]dydz - \rho v_x dydz + \left[\rho v_y + \frac{\partial(\rho v_y)}{\partial y}dy\right]dxdz$$
$$- \rho v_y dxdz + \left[\rho v_z + \frac{\partial(\rho v_z)}{\partial z}dz\right]dxdy - \rho v_z dxdy = 0 \tag{2.4}$$

Entfernt man die Differenzen, die null sind, und teilt man durch $dxdydz$, ergibt sich:

$$\frac{\partial \rho}{\partial t} + \frac{\partial(\rho v_x)}{\partial x} + \frac{\partial(\rho v_y)}{\partial y} + \frac{\partial(\rho v_z)}{\partial z} = \frac{\partial \rho}{\partial t} + \vec{\nabla}.(\rho \vec{v}) = 0 \tag{2.5}$$

Für inkompressible Strömungen (Machzahl<0,3 [8]) nimmt Gl. (2.3) die Form an:

$$\vec{\nabla}.(\vec{v}) = 0 \tag{2.6}$$

2.2 Impulserhaltungsgleichungen

Setzt man v für ϕ, 0 für Γ und $\sum_{i=1}^{n} f_i$ für $\dot{Q}$ in Gl. (2.1) ein, erhält man die Impulserhaltungsgleichung:

$$\frac{\partial(\rho v)}{\partial t} + \vec{\nabla}.(\rho v \vec{v}) = \sum_{i=1}^{n} f_i \qquad (2.7)$$

mit

$$\frac{\partial(\rho v)}{\partial t} + \vec{\nabla}.(\rho v \vec{v}) = \frac{dI}{dt} \qquad (2.8)$$

Die Impulserhaltungsgleichung besagt, dass die Änderung des Impulses dI eines Systems von n Teilchen pro Zeiteinheit dt gleich der auf das System angreifenden volumenspezifischen Kräfte $\sum_{i=1}^{n} f_i$ ist.

Für ein Volumenelement $dxdydz$ in einem kartesischen Koordinatensystem lässt sich die Impulserhaltungsgleichung in x-Richtung wie folgt schreiben (Abb. 2.2):

$$\frac{\partial \rho v_x}{\partial t} + \frac{\partial \rho v_x^2}{\partial x} + \frac{\partial \rho v_x v_y}{\partial y} + \frac{\partial \rho v_x v_z}{\partial z} = \sum_{i=1}^{n} f_{x,i} \qquad (2.9)$$

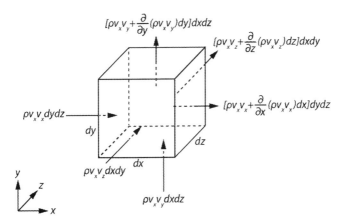

Abb. 2.2 Volumenelement mit ein- und ausströmenden Impulsströmen in x-Richtung

Analog zur Impulserhaltungsgleichung in x-Richtung gilt in y- und z-Richtung:

$$\frac{\partial \rho v_y}{\partial t} + \frac{\partial \rho v_y v_x}{\partial x} + \frac{\partial \rho v_y^2}{\partial y} + \frac{\partial \rho v_y v_z}{\partial z} = \sum_{i=1}^{n} f_{y,i} \tag{2.10}$$

$$\frac{\partial \rho v_z}{\partial t} + \frac{\partial \rho v_z v_x}{\partial x} + \frac{\partial \rho v_z v_y}{\partial y} + \frac{\partial \rho v_z^2}{\partial z} = \sum_{i=1}^{n} f_{z,i} \tag{2.11}$$

Die möglichen angreifenden Kräfte zerfallen grundsätzlich in zwei Klassen: Oberflächen- und Volumenkräfte. Oberflächenkräfte wirken von der unmittelbaren Umgebung auf die Oberfläche des Volumenelements. Sie unterteilen sich in Druck- und Reibungskräfte. Letztere setzen sich wiederum aus der Normalspannungskraft, die das Volumenelement in die Länge zieht und der Schubspannungskraft, die das Volumenelement schert, zusammen. Volumenkräfte sind Kräfte mit großer Reichweite, sie wirken auf das komplette Volumenelement und haben in der Regel ihre Ursache in Kraftfeldern. Abb. 2.3 fasst die Kräfte zusammen.

Abb. 2.4 zeigt die Oberflächenkräfte in x-Richtung an einem Volumenelement $dxdydz$ in einem kartesischen Koordinatensystem. An den beiden zur x-Achse normalen Ebenen von der Größe $dydz$ greifen p und $p + \frac{\partial p}{\partial x} dx$ als Druckkräfte, τ_{xx} und $\tau_{xx} + \frac{\partial \tau_{xx}}{\partial x} dx$ als Normalspannungskräfte, und τ_{xy}, $\tau_{xy} + \frac{\partial \tau_{xy}}{\partial x} dx$, τ_{xz}, und $\tau_{xz} + \frac{\partial \tau_{xz}}{\partial x} dx$ als Schubspannungskräfte an. Der Index x an erster Stelle des Doppelindex der Spannungskräfte besagt, dass der Spannungsvektor an einem

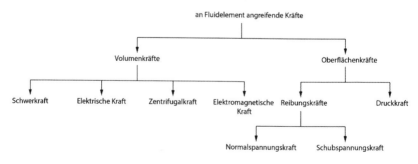

Abb. 2.3 Mögliche angreifende Kräfte an Fluidteilchen

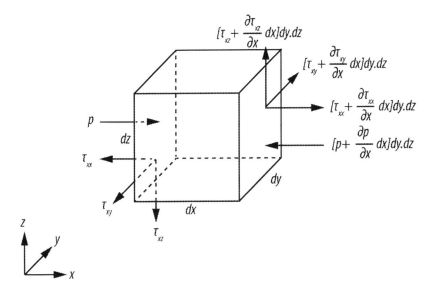

Abb. 2.4 Oberflächenkräfte in x-Richtung an einem Volumenelement

Ebenenelement wirkt, das senkrecht zur x-Richtung steht. An zweiter Stelle des Doppelindex steht, in welche Achsenrichtung die Spannung zeigt.

Analog zu den Oberflächenkräften in x-Richtung erhält man die Oberflächenkräfte in y- und z-Richtung. Führt man die Oberflächenkräfte in Gl. (2.9), (2.10) und (2.11) ein, ergibt sich:

$$\frac{\partial \rho v_x}{\partial t} + \frac{\partial \rho v_x^2}{\partial x} + \frac{\partial \rho v_x v_y}{\partial y} + \frac{\partial \rho v_x v_z}{\partial z} = -\frac{\partial p}{\partial x} + \frac{\partial \tau_{xx}}{\partial x} + \frac{\partial \tau_{xy}}{\partial y} + \frac{\partial \tau_{xz}}{\partial z} + f_{V_x} \quad (2.12)$$

$$\frac{\partial \rho v_y}{\partial t} + \frac{\partial \rho v_y v_x}{\partial x} + v_y \frac{\partial \rho v_y^2}{\partial y} + \frac{\partial \rho v_y v_z}{\partial z} = -\frac{\partial p}{\partial y} + \frac{\partial \tau_{yx}}{\partial x} + \frac{\partial \tau_{yy}}{\partial y} + \frac{\partial \tau_{yz}}{\partial z} + f_{V_y} \quad (2.13)$$

$$\frac{\partial \rho v_z}{\partial t} + \frac{\partial \rho v_z v_x}{\partial x} + \frac{\partial \rho v_z v_y}{\partial y} + \frac{\partial \rho v_z^2}{\partial z} = -\frac{\partial p}{\partial z} + \frac{\partial \tau_{zx}}{\partial x} + \frac{\partial \tau_{zy}}{\partial y} + \frac{\partial \tau_{zz}}{\partial z} + f_{V_z} \quad (2.14)$$

wobei f_{V_x}, f_{V_y} und f_{V_z} die Volumenkräfte in x-, y- und z-Richtung zusammenfassend darstellen.

Zersetzt man die Terme auf der linken Seite der Gl. (2.12), (2.13) und (2.14) nach der Produktregel (Gl. (1.4)), ergibt sich:

$$
v_x \left[\frac{\partial \rho}{\partial t} + \frac{\partial \rho v_x}{\partial x} + \frac{\partial \rho v_y}{\partial y} + \frac{\partial \rho v_z}{\partial z} \right] + \rho \left(\frac{\partial v_x}{\partial t} + v_x \frac{\partial v_x}{\partial x} + v_y \frac{\partial v_x}{\partial y} + v_z \frac{\partial v_x}{\partial z} \right)
$$
$$
= -\frac{\partial p}{\partial x} + \frac{\partial \tau_{xx}}{\partial x} + \frac{\partial \tau_{xy}}{\partial y} + \frac{\partial \tau_{xz}}{\partial z} + f_{V_x} \tag{2.15}
$$

$$
v_y \left[\frac{\partial \rho}{\partial t} + \frac{\partial \rho v_x}{\partial x} + \frac{\partial \rho v_y}{\partial y} + \frac{\partial \rho v_z}{\partial z} \right] + \rho \left(\frac{\partial v_y}{\partial t} + v_x \frac{\partial v_y}{\partial x} + v_y \frac{\partial v_y}{\partial y} + v_z \frac{\partial v_y}{\partial z} \right)
$$
$$
= -\frac{\partial p}{\partial y} + \frac{\partial \tau_{yx}}{\partial x} + \frac{\partial \tau_{yy}}{\partial y} + \frac{\partial \tau_{yz}}{\partial z} + f_{V_y} \tag{2.16}
$$

$$
v_z \left[\frac{\partial \rho}{\partial t} + \frac{\partial \rho v_x}{\partial x} + \frac{\partial \rho v_y}{\partial y} + \frac{\partial \rho v_z}{\partial z} \right] + \rho \left(\frac{\partial v_z}{\partial t} + v_x \frac{\partial v_z}{\partial x} + v_y \frac{\partial v_z}{\partial y} + v_z \frac{\partial v_z}{\partial z} \right)
$$
$$
= -\frac{\partial p}{\partial z} + \frac{\partial \tau_{zx}}{\partial x} + \frac{\partial \tau_{zy}}{\partial y} + \frac{\partial \tau_{zz}}{\partial z} + f_{V_z} \tag{2.17}
$$

Die Summen in den eckigen Klammern auf der linken Seite der Gl. (2.15), (2.16) und (2.17) sind gleich null entsprechend der Massenerhaltungsgleichung (Gl. (2.5)). Somit folgt für Impulserhaltungsgleichungen:

$$
\rho \left(\frac{\partial v_x}{\partial t} + v_x \frac{\partial v_x}{\partial x} + v_y \frac{\partial v_x}{\partial y} + v_z \frac{\partial v_x}{\partial z} \right) = -\frac{\partial p}{\partial x} + \frac{\partial \tau_{xx}}{\partial x} + \frac{\partial \tau_{xy}}{\partial y} + \frac{\partial \tau_{xz}}{\partial z} + f_{V_x} \tag{2.18}
$$

$$
\rho \left(\frac{\partial v_y}{\partial t} + v_x \frac{\partial v_y}{\partial x} + v_y \frac{\partial v_y}{\partial y} + v_z \frac{\partial v_y}{\partial z} \right) = -\frac{\partial p}{\partial y} + \frac{\partial \tau_{yx}}{\partial x} + \frac{\partial \tau_{yy}}{\partial y} + \frac{\partial \tau_{yz}}{\partial z} + f_{V_y} \tag{2.19}
$$

$$
\rho \left(\frac{\partial v_z}{\partial t} + v_x \frac{\partial v_z}{\partial x} + v_y \frac{\partial v_z}{\partial y} + v_z \frac{\partial v_z}{\partial z} \right) = -\frac{\partial p}{\partial z} + \frac{\partial \tau_{zx}}{\partial x} + \frac{\partial \tau_{zy}}{\partial y} + \frac{\partial \tau_{zz}}{\partial z} + f_{V_z} \tag{2.20}
$$

Navier-Stokes-Gleichungen

Die in der Praxis meisteingesetzten Fluide (z. B. Wasser, Wasserdampf, Luft und Erdgas) sind Newtonsche Fluide. Bei diesen Fluiden hängen die alle am Volumenelement angreifenden Spannungen und die Geschwindigkeitskomponenten bei konstanter Viskosität (η) linear zusammen (Stokessche Hypothese [9]):

$$
\tau_{xx} = \eta \left[2 \frac{\partial v_x}{\partial x} - \frac{2}{3} \left(\frac{\partial v_x}{\partial x} + \frac{\partial v_y}{\partial y} + \frac{\partial v_z}{\partial z} \right) \right] \tag{2.21}
$$

$$\tau_{yy} = \eta \left[2 \frac{\partial v_y}{\partial y} - \frac{2}{3} \left(\frac{\partial v_x}{\partial x} + \frac{\partial v_y}{\partial y} + \frac{\partial v_z}{\partial z} \right) \right] \tag{2.22}$$

$$\tau_{zz} = \eta \left[2 \frac{\partial v_z}{\partial z} - \frac{2}{3} \left(\frac{\partial v_x}{\partial x} + \frac{\partial v_y}{\partial y} + \frac{\partial v_z}{\partial z} \right) \right] \tag{2.23}$$

$$\tau_{xy} = \tau_{yx} = \eta \left(\frac{\partial v_x}{\partial y} + \frac{\partial v_y}{\partial x} \right) \tag{2.24}$$

$$\tau_{yz} = \tau_{zy} = \eta \left(\frac{\partial v_y}{\partial z} + \frac{\partial v_z}{\partial y} \right) \tag{2.25}$$

$$\tau_{zx} = \tau_{xz} = \eta \left(\frac{\partial v_z}{\partial x} + \frac{\partial v_x}{\partial z} \right) \tag{2.26}$$

Bei Nicht-Newtonsche Fluiden wie z. B. Kunststoffschmelzen, Blut und Teer sind die Spannungen nicht proportional zum Geschwindigkeitsgradienten. Sie haben einen komplizierteren Zusammenhang zum Gradienten, worauf in diesem Buch nicht näher eingegangen wird. Die Literatur [10] beispielsweise behandelt Nicht-Newtonsche Phänomene ausführlich.

Werden in den Impulsgleichungen in Gl. (2.18), (2.19) und (2.20) die Spannungen gemäß der Gleichungen von (2.21) bis (2.26) ersetzt, ergeben sich dann die folgenden Bewegungsgleichungen:

$$\rho \left(\frac{\partial v_x}{\partial t} + v_x \frac{\partial v_x}{\partial x} + v_y \frac{\partial v_x}{\partial y} + v_z \frac{\partial v_x}{\partial z} \right) = -\frac{\partial p}{\partial x} + \frac{\partial}{\partial x} \left\{ \eta \left[2 \frac{\partial v_x}{\partial x} - \frac{2}{3} \left(\frac{\partial v_x}{\partial x} + \frac{\partial v_y}{\partial y} + \frac{\partial v_z}{\partial z} \right) \right] \right\}$$
$$+ \frac{\partial}{\partial y} \left[\eta \left(\frac{\partial v_x}{\partial y} + \frac{\partial v_y}{\partial x} \right) \right] + \frac{\partial}{\partial z} \left[\eta \left(\frac{\partial v_z}{\partial x} + \frac{\partial v_x}{\partial z} \right) \right] + f_{V_x} \tag{2.27}$$

$$\rho \left(\frac{\partial v_y}{\partial t} + v_x \frac{\partial v_y}{\partial x} + v_y \frac{\partial v_y}{\partial y} + v_z \frac{\partial v_y}{\partial z} \right) = -\frac{\partial p}{\partial y} + \frac{\partial}{\partial y} \left\{ \eta \left[2 \frac{\partial v_y}{\partial y} - \frac{2}{3} \left(\frac{\partial v_x}{\partial x} + \frac{\partial v_y}{\partial y} + \frac{\partial v_z}{\partial z} \right) \right] \right\}$$
$$+ \frac{\partial}{\partial x} \left[\eta \left(\frac{\partial v_x}{\partial y} + \frac{\partial v_y}{\partial x} \right) \right] + \frac{\partial}{\partial z} \left[\eta \left(\frac{\partial v_y}{\partial z} + \frac{\partial v_z}{\partial y} \right) \right] + f_{V_y} \tag{2.28}$$

$$\rho \left(\frac{\partial v_z}{\partial t} + v_x \frac{\partial v_z}{\partial x} + v_y \frac{\partial v_z}{\partial y} + v_z \frac{\partial v_z}{\partial z} \right) = -\frac{\partial p}{\partial z} + \frac{\partial}{\partial z} \left\{ \eta \left[2 \frac{\partial v_z}{\partial z} - \frac{2}{3} \left(\frac{\partial v_x}{\partial x} + \frac{\partial v_y}{\partial y} + \frac{\partial v_z}{\partial z} \right) \right] \right\}$$
$$+ \frac{\partial}{\partial x} \left[\eta \left(\frac{\partial v_z}{\partial x} + \frac{\partial v_x}{\partial z} \right) \right] + \frac{\partial}{\partial y} \left[\eta \left(\frac{\partial v_y}{\partial z} + \frac{\partial v_z}{\partial y} \right) \right] + f_{V_z} \tag{2.29}$$

Diese Differenzialgleichungen sind unter dem Namen Navier-Stokes-Gleichungen bekannt [9].

Navier-Stokes-Gleichungen bei inkompressiblen Strömungen

Bei inkompressiblen Strömungen ist die Summe $\frac{\partial v_x}{\partial x} + \frac{\partial v_y}{\partial y} + \frac{\partial v_z}{\partial z}$ gleich null, demzufolge ergibt sich aus Gl. (2.27), (2.28) und (2.29):

$$\rho\left(\frac{\partial v_x}{\partial t} + v_x\frac{\partial v_x}{\partial x} + v_y\frac{\partial v_x}{\partial y} + v_z\frac{\partial v_x}{\partial z}\right) = -\frac{\partial p}{\partial x} + \frac{\partial}{\partial x}\left(2\eta\frac{\partial v_x}{\partial x}\right) + \frac{\partial}{\partial y}\left[\eta\left(\frac{\partial v_x}{\partial y} + \frac{\partial v_y}{\partial x}\right)\right]$$
$$+ \frac{\partial}{\partial z}\left[\eta\left(\frac{\partial v_z}{\partial x} + \frac{\partial v_x}{\partial z}\right)\right] + f_{V_x} \tag{2.30}$$

$$\rho\left(\frac{\partial v_y}{\partial t} + v_x\frac{\partial v_y}{\partial x} + v_y\frac{\partial v_y}{\partial y} + v_z\frac{\partial v_y}{\partial z}\right) = -\frac{\partial p}{\partial y} + \frac{\partial}{\partial y}\left(2\eta\frac{\partial v_y}{\partial y}\right) + \frac{\partial}{\partial x}\left[\eta\left(\frac{\partial v_x}{\partial y} + \frac{\partial v_y}{\partial x}\right)\right]$$
$$+ \frac{\partial}{\partial z}\left[\eta\left(\frac{\partial v_y}{\partial z} + \frac{\partial v_z}{\partial y}\right)\right] + f_{V_y} \tag{2.31}$$

$$\rho\left(\frac{\partial v_z}{\partial t} + v_x\frac{\partial v_z}{\partial x} + v_y\frac{\partial v_z}{\partial y} + v_z\frac{\partial v_z}{\partial z}\right) = -\frac{\partial p}{\partial z} + \frac{\partial}{\partial z}\left(2\eta\frac{\partial v_z}{\partial z}\right) + \frac{\partial}{\partial x}\left[\eta\left(\frac{\partial v_z}{\partial x} + \frac{\partial v_x}{\partial z}\right)\right]$$
$$+ \frac{\partial}{\partial y}\left[\eta\left(\frac{\partial v_y}{\partial z} + \frac{\partial v_z}{\partial y}\right)\right] + f_{V_z} \tag{2.32}$$

2.3   Energieerhaltungsgleichung

Setzt man H für ϕ, λ/c_P für Γ und $\dot{q}_S + \partial p/\partial t + \dot{w}$ für $\dot{Q}$ in Gl. (2.1) ein, erhält man die Energieerhaltungsgleichung:

$$\frac{\partial(\rho H)}{\partial t} + \vec{\nabla}.(\rho\vec{v}H) = \vec{\nabla}.\frac{\lambda}{c_P}\vec{\nabla}H + \dot{q}_S + \frac{\partial p}{\partial t} + \dot{w} - e_k \tag{2.33}$$

H ist die Enthalpie, λ die Wärmeleitfähigkeit, c_P die spezifische Wärmekapazität, $\dot{q}_S$ der Wärmestrom durch Strahlung, $\dot{w}$ die Leistung, die aus den verschiedenen angreifenden Kräften resultiert, und e_k die kinetische Energie.

Die Energieerhaltungsgleichung besagt, dass die Änderung der Energie eines Systems von n Teilchen gleich der Summe der Energien, die das System mit der Umgebung in Form von Wärme und/oder Arbeit pro Zeiteinheit austauscht.

Für ein Volumenelement *dxdydz* in einem kartesischen Koordinatensystem lässt sich die Energieerhaltungsgleichung wie folgt schreiben:

$$\frac{\partial(\rho H)}{\partial t} + \frac{\partial(\rho v_x H)}{\partial x} + \frac{\partial(\rho v_y H)}{\partial y} + \frac{\partial(\rho v_z H)}{\partial z}$$
$$= \frac{\partial}{\partial x}\left(\lambda\frac{\partial T}{\partial x}\right) + \frac{\partial}{\partial y}\left(\lambda\frac{\partial T}{\partial y}\right) + \frac{\partial}{\partial z}\left(\lambda\frac{\partial T}{\partial z}\right) + \dot{q}_S + \frac{\partial p}{\partial t} + \dot{w} - e_k \tag{2.34}$$

mit

$$H = c_P T \tag{2.35}$$

Zersetzt man die Terme auf der linken Seite der Gl. (2.35) nach der Produktregel (Gl. (1.4)), ergibt sich:

$$\frac{\partial(\rho H)}{\partial t} + \frac{\partial(\rho v_x H)}{\partial x} + \frac{\partial(\rho v_y H)}{\partial y} + \frac{\partial(\rho v_z H)}{\partial z}$$
$$= \left(\rho\frac{\partial H}{\partial t} + \rho v_x\frac{\partial H}{\partial x} + \rho v_y\frac{\partial H}{\partial y} + \rho v_z\frac{\partial H}{\partial z}\right)$$
$$+ H\left(\frac{\partial\rho}{\partial t} + \frac{\partial(\rho v_x)}{\partial x} + \frac{\partial(\rho v_y)}{\partial y} + \frac{\partial(\rho v_z)}{\partial z}\right) \tag{2.36}$$
$$= \rho\frac{\partial H}{\partial t} + \rho v_x\frac{\partial H}{\partial x} + \rho v_y\frac{\partial H}{\partial y} + \rho v_z\frac{\partial H}{\partial z}$$

da

$$\frac{\partial\rho}{\partial t} + \frac{\partial(\rho v_x)}{\partial x} + \frac{\partial(\rho v_y)}{\partial y} + \frac{\partial(\rho v_z)}{\partial z} = 0 \tag{2.37}$$

entsprechend der Massenerhaltungsgleichung (Gl. (2.5)). Somit vereinfacht sich Gl. (2.34) zu:

$$\rho\frac{\partial H}{\partial t} + \rho v_x\frac{\partial H}{\partial x} + \rho v_y\frac{\partial H}{\partial y} + \rho v_z\frac{\partial H}{\partial z}$$
$$= \frac{\partial}{\partial x}\left(\lambda\frac{\partial T}{\partial x}\right) + \frac{\partial}{\partial y}\left(\lambda\frac{\partial T}{\partial y}\right) + \frac{\partial}{\partial z}\left(\lambda\frac{\partial T}{\partial z}\right) + \dot{q}_S + \frac{\partial p}{\partial t} + \dot{w} - e_k \tag{2.38}$$

Auf jeder Ebene des Volumenelements können die Oberflächenkräfte, wie in Abb. 2.4 in *x*-Richtung dargestellt, wirken. Diese Kräfte leisten Arbeit an dem

Volumenelement. Multipliziert man eine Kraft mit der Geschwindigkeits-komponente in Kraftrichtung bekommt man die Leistung. Somit erhält man für die Leistung $\dot{w}$:

$$\dot{w} = \frac{\partial}{\partial x}\left(-v_x p + v_x \tau_{xx} + v_y \tau_{xy} + v_z \tau_{xz}\right) + \frac{\partial}{\partial y}\left(-v_y p + v_x \tau_{yx} + v_y \tau_{yy} + v_z \tau_{yz}\right)$$
$$+ \frac{\partial}{\partial z}\left(-v_z p + v_x \tau_{zx} + v_y \tau_{zy} + v_z \tau_{zz}\right) + v_x f_{V_x} + v_y f_{V_y} + v_z f_{V_z} \tag{2.39}$$

die auch folgendermaßen aufgestellt werden kann:

$$\dot{w} = v_x\left(-\frac{\partial p}{\partial x} + \frac{\partial \tau_{xx}}{\partial x} + \frac{\partial \tau_{yx}}{\partial y} + \frac{\partial \tau_{zx}}{\partial z} + f_{V_x}\right) + v_y\left(-\frac{\partial p}{\partial y} + \frac{\partial \tau_{xy}}{\partial x} + \frac{\partial \tau_{yy}}{\partial y} + \frac{\partial \tau_{zy}}{\partial z} + f_{V_y}\right)$$
$$+ v_z\left(-\frac{\partial p}{\partial z} + \frac{\partial \tau_{xz}}{\partial x} + \frac{\partial \tau_{yz}}{\partial y} + \frac{\partial \tau_{zz}}{\partial z} + f_{V_z}\right) - p\left(\frac{\partial v_x}{\partial x} + \frac{\partial v_y}{\partial y} + \frac{\partial v_z}{\partial z}\right)$$
$$+ \left(\tau_{xx}\frac{\partial v_x}{\partial x} + \tau_{xy}\frac{\partial v_y}{\partial x} + \tau_{xz}\frac{\partial v_z}{\partial x}\right) + \left(\tau_{yx}\frac{\partial v_x}{\partial y} + \tau_{yy}\frac{\partial v_y}{\partial y} + \tau_{yz}\frac{\partial v_z}{\partial y}\right) \tag{2.40}$$
$$+ \left(\tau_{zx}\frac{\partial v_x}{\partial z} + \tau_{zy}\frac{\partial v_y}{\partial z} + \tau_{zz}\frac{\partial v_z}{\partial z}\right)$$

Die kinetische Energie kann wie folgt geschrieben werden:

$$e_k = \frac{\partial\left(\rho v^2/2\right)}{\partial t} + \vec{\nabla}.\left(\rho\frac{v^2}{2}\vec{v}\right)$$
$$= \frac{v^2}{2}\left(\frac{\partial \rho}{\partial t} + \frac{\partial(\rho v_x)}{\partial x} + \frac{\partial(\rho v_y)}{\partial y} + \frac{\partial(\rho v_z)}{\partial z}\right)$$
$$+ \rho\left(\frac{\partial v^2/2}{\partial t} + v_x\frac{\partial v^2/2}{\partial x} + v_y\frac{\partial v^2/2}{\partial y} + v_z\frac{\partial v^2/2}{\partial z}\right) \tag{2.41}$$
$$= \rho\left(\frac{\partial v^2/2}{\partial t} + v_x\frac{\partial v^2/2}{\partial x} + v_y\frac{\partial v^2/2}{\partial y} + v_z\frac{\partial v^2/2}{\partial z}\right)$$

Wird Gl. (2.41) von Gl. (2.40) subtrahiert, folgt:

$$\dot{w} - e_k = -\rho\left(\frac{\partial v^2/2}{\partial t} + v_x\frac{\partial v^2/2}{\partial x} + v_y\frac{\partial v^2/2}{\partial y} + v_z\frac{\partial v^2/2}{\partial z}\right)$$
$$+ v_x\left(-\frac{\partial p}{\partial x} + \frac{\partial \tau_{xx}}{\partial x} + \frac{\partial \tau_{yx}}{\partial y} + \frac{\partial \tau_{zx}}{\partial z} + f_{V_x}\right) + v_y\left(-\frac{\partial p}{\partial y} + \frac{\partial \tau_{xy}}{\partial x} + \frac{\partial \tau_{yy}}{\partial y} + \frac{\partial \tau_{zy}}{\partial z} + f_{V_y}\right)$$
$$+ v_z\left(-\frac{\partial p}{\partial z} + \frac{\partial \tau_{xz}}{\partial x} + \frac{\partial \tau_{yz}}{\partial y} + \frac{\partial \tau_{zz}}{\partial z} + f_{V_z}\right) - p\left(\frac{\partial v_x}{\partial x} + \frac{\partial v_y}{\partial y} + \frac{\partial v_z}{\partial z}\right)$$
$$+ \left(\tau_{xx}\frac{\partial v_x}{\partial x} + \tau_{xy}\frac{\partial v_y}{\partial x} + \tau_{xz}\frac{\partial v_z}{\partial x}\right) + \left(\tau_{yx}\frac{\partial v_x}{\partial y} + \tau_{yy}\frac{\partial v_y}{\partial y} + \tau_{yz}\frac{\partial v_z}{\partial y}\right) \tag{2.42}$$
$$+ \left(\tau_{zx}\frac{\partial v_x}{\partial z} + \tau_{zy}\frac{\partial v_y}{\partial z} + \tau_{zz}\frac{\partial v_z}{\partial z}\right)$$

Wenn die Impulserhaltungsgleichungen (2.18), (2.19) und (2.20) mit ihren jeweiligen Geschwindigkeiten v_x, v_y und v_z multipliziert, die drei entstehenden Gleichungen addiert und anschließend von Gl. (2.42) subtrahiert werden, ergibt sich:

$$\dot{w} - e_k = -p\left(\frac{\partial v_x}{\partial x} + \frac{\partial v_y}{\partial y} + \frac{\partial v_z}{\partial z}\right) + \left(\tau_{xx}\frac{\partial v_x}{\partial x} + \tau_{xy}\frac{\partial v_y}{\partial x} + \tau_{xz}\frac{\partial v_z}{\partial x}\right)$$
$$+ \left(\tau_{yx}\frac{\partial v_x}{\partial y} + \tau_{yy}\frac{\partial v_y}{\partial y} + \tau_{yz}\frac{\partial v_z}{\partial y}\right) + \left(\tau_{zx}\frac{\partial v_x}{\partial z} + \tau_{zy}\frac{\partial v_y}{\partial z} + \tau_{zz}\frac{\partial v_z}{\partial z}\right) \tag{2.43}$$

Es wird darauf hingewiesen, dass

$$v^2 = v_x^2 + v_y^2 + v_y^2 \tag{2.44}$$

Somit kann die Energieerhaltungsgleichung wie folgt formuliert werden:

$$\rho\frac{\partial H}{\partial t} + \rho v_x\frac{\partial H}{\partial x} + \rho v_y\frac{\partial H}{\partial y} + \rho v_z\frac{\partial H}{\partial z} = \frac{\partial}{\partial x}\left(\lambda\frac{\partial T}{\partial x}\right) + \frac{\partial}{\partial y}\left(\lambda\frac{\partial T}{\partial y}\right) + \frac{\partial}{\partial z}\left(\lambda\frac{\partial T}{\partial z}\right)$$
$$+ \dot{q}_S + \frac{\partial p}{\partial t} - p\left(\frac{\partial v_x}{\partial x} + \frac{\partial v_y}{\partial y} + \frac{\partial v_z}{\partial z}\right)$$
$$+ \left(\tau_{xx}\frac{\partial v_x}{\partial x} + \tau_{xy}\frac{\partial v_y}{\partial x} + \tau_{xz}\frac{\partial v_z}{\partial x}\right)$$
$$+ \left(\tau_{yx}\frac{\partial v_x}{\partial y} + \tau_{yy}\frac{\partial v_y}{\partial y} + \tau_{yz}\frac{\partial v_z}{\partial y}\right) \tag{2.45}$$
$$+ \left(\tau_{zx}\frac{\partial v_x}{\partial z} + \tau_{zy}\frac{\partial v_y}{\partial z} + \tau_{zz}\frac{\partial v_z}{\partial z}\right)$$

Werden die Normal- und Schubspannungen durch die Ausdrücke der Stokessche Hypothese nach Gl. (2.21) bis (2.26) ersetzt, folgt:

$$\rho\frac{\partial H}{\partial t} + \rho v_x\frac{\partial H}{\partial x} + \rho v_y\frac{\partial H}{\partial y} + \rho v_z\frac{\partial H}{\partial z} = \frac{\partial}{\partial x}\left(\lambda\frac{\partial T}{\partial x}\right) + \frac{\partial}{\partial y}\left(\lambda\frac{\partial T}{\partial y}\right) + \frac{\partial}{\partial z}\left(\lambda\frac{\partial T}{\partial z}\right)$$
$$+ \dot{q}_S + \frac{\partial p}{\partial t} - p\left(\frac{\partial v_x}{\partial x} + \frac{\partial v_y}{\partial y} + \frac{\partial v_z}{\partial z}\right) + \eta\Phi \tag{2.46}$$

mit

$$\Phi = \left[\begin{array}{c} 2\left(\left(\frac{\partial v_x}{\partial x}\right)^2 + \left(\frac{\partial v_y}{\partial y}\right)^2 + \left(\frac{\partial v_z}{\partial z}\right)^2\right) - \frac{2}{3}\left(\frac{\partial v_x}{\partial x} + \frac{\partial v_y}{\partial y} + \frac{\partial v_z}{\partial z}\right)^2 \\ + \left(\frac{\partial v_x}{\partial y} + \frac{\partial v_y}{\partial x}\right)^2 + \left(\frac{\partial v_y}{\partial z} + \frac{\partial v_z}{\partial y}\right)^2 + \left(\frac{\partial v_z}{\partial x} + \frac{\partial v_x}{\partial z}\right)^2 \end{array}\right] \tag{2.47}$$

Φ nennt man die Dissipationsfunktion. In der Funktion sind nur quadratische Glieder und deshalb an jeder Stelle im Strömungsfeld ist Φ größer als Null [11].

Die Energiegleichung kann man in anderer Form beschreiben, indem man die Enthalpie mit der inneren Energie ersetzt. Es gilt die thermodynamische Beziehung:

$$h = u + \frac{p}{\rho} \tag{2.48}$$

Somit ergibt sich:

$$
\begin{aligned}
\rho \left(\frac{\partial u}{\partial t} + v_x \frac{\partial u}{\partial x} + v_y \frac{\partial u}{\partial y} + v_z \frac{\partial u}{\partial z} \right) = & \left(\frac{\partial}{\partial x} \left(\lambda \frac{\partial T}{\partial x} \right) + \frac{\partial}{\partial y} \left(\lambda \frac{\partial T}{\partial y} \right) + \frac{\partial}{\partial z} \left(\lambda \frac{\partial T}{\partial z} \right) \right) \\
& + \dot{q}_S - \left(\frac{\partial (p v_x)}{\partial x} + \frac{\partial (p v_y)}{\partial y} + \frac{\partial (p v_z)}{\partial z} \right) \\
& + \tau_{xx} \frac{\partial v_x}{\partial x} + \tau_{xy} \frac{\partial v_y}{\partial x} + \tau_{xz} \frac{\partial v_z}{\partial x} + \tau_{yx} \frac{\partial v_x}{\partial y} \\
& + \tau_{yy} \frac{\partial v_y}{\partial y} + \tau_{yz} \frac{\partial v_z}{\partial y} + \tau_{zx} \frac{\partial v_x}{\partial z} + \tau_{zy} \frac{\partial v_y}{\partial z} + \tau_{zz} \frac{\partial v_z}{\partial z}
\end{aligned} \tag{2.49}
$$

Turbulente Strömungen 3

Grundsätzlich treten zwei verschiedene Strömungsformen – laminare und turbulente Strömungen – und ein Übergangsbereich auf. Die Strömungsformen stellen sich in unterschiedlichen Geschwindigkeitsprofilen dar. Die laminare Strömung ist dadurch gekennzeichnet, dass die Fluidteilchen auf geschichteten Bahnen ohne merkliche Querbewegung senkrecht zur Hauptströmungsrichtung strömen. Die turbulente Strömung weist stochastisch stark fluktuierende Wirbelstrukturen und damit einen instationären verstärkten Queraustausch aller Transportgrößen auf.

Die Erhaltungsgleichungen können direkt numerisch gelöst werden (Direkte Numerische Simulation; DNS). Im Falle turbulenter Strömungen ist allerdings eine sehr hohe Auflösung der Strömung erforderlich, um auch kleine Wirbel erfassen zu können. Das erfordert ein extrem feines Rechennetz, das zu sehr hohem Rechenaufwand führt. Wird ein grobes Rechennetz gewählt, konvergiert die numerische Lösung entweder gar nicht oder zu einem unsinnigen Ergebnis.

Um turbulente Strömungen mit weniger Rechenaufwand berechnen zu können, wurden Modellen, die auf Annahmen basieren, entwickelt. Die bekanntesten Vertreter der Methoden sind die RANS- und LES-Methoden (RANS für Reynolds-averaged Navier-Stokes; LES für Large-Eddy-Simulation). Abb. 3.1 vergleicht die Ergebnisqualität und benötigte Rechnerleistung der beiden Modelle mit denen der DNS.

© Springer Fachmedien Wiesbaden GmbH, ein Teil von Springer Nature 2019   45
K. Ghaib, *Einführung in die numerische Strömungsmechanik*, essentials,
https://doi.org/10.1007/978-3-658-26923-4_3

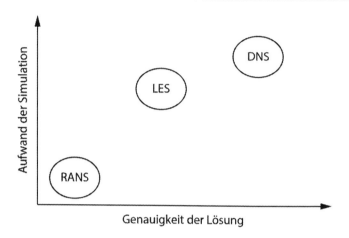

Abb. 3.1 Vergleich des Aufwandes und der Genauigkeit bei der Modellierung turbulenter Strömungen durch RANS, LES und DNS-Methoden [12]

3.1 RANS-Methode

Heute wird die RANS-Methode, die die Physik noch genau genug wiedergibt und akzeptable Rechenzeiten benötigt, am häufigsten verwendet. Dabei wird eine Strömungsgröße ϕ in einen zeitlichen Mittelwert $\overline{\phi}$ und eine instationäre Schwankungsgröße ϕ' zerlegt (Reynolds -Mittelung):

$$\phi = \overline{\phi} + \phi' \tag{3.1}$$

Bei stationären Strömungen (Abb. 3.2) erhält man den Mittelwert durch die Integration von ϕ über ein Zeitintervall Δt, das so groß zu wählen ist, sodass die Zeitabhängigkeit des Mittelwertes entfällt:

$$\overline{\phi} = \lim_{\Delta t \to \infty} \left(\frac{1}{\Delta t} \int_0^{\Delta t} \phi dt \right) \tag{3.2}$$

Bei instationären Strömungen lässt sich $\overline{\phi}$ wie folgt festlegen:

$$\overline{\phi} = \frac{1}{t_2 - t_1} \int_{t_1}^{t_2} \phi dt \tag{3.3}$$

Dabei wird das Intervall $t_2 - t_1$ derart gewählt, dass einerseits die Schwankungen keinen Einfluss auf den jeweiligen Mittelwert haben und andererseits der instationäre Verlauf des Mittelwertes korrekt wiedergegeben wird [13].

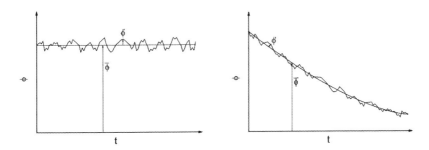

Abb. 3.2 Strömungsgröße ϕ als Funktion der Zeit t an bestimmter Ortsstelle; Links) stationäre Strömung; Rechts) instationäre Strömung

Die Schwankungsgröße ϕ', die die Differenz zwischen ϕ und $\overline{\phi}$ ist, kann positiv oder negativ sein und ist eine Funktion der Zeit. Es gelten die Rechenregeln [14]:

$$\overline{\phi'} = 0 \tag{3.4}$$

$$\overline{\phi\phi'} = 0 \tag{3.5}$$

$$\overline{\phi'\phi'} \neq 0 \tag{3.6}$$

Die Reynolds–Mittelung wurde für inkompressible Strömungen entwickelt [15]. Bei kompressiblen Strömungen (Machzahl < 0,3) ist die Fluktuation der Dichte in vielen Fällen, wie z. B. Strömungen mit Verbrennung oder mit großer Wärmeübertragung, nicht vernachlässigbar. Daher wurde noch ein weiterer Mittelwert eingeführt, nämlich die Favre-Mittelung [16] (dichtegewichtete Mittelung):

$$\tilde{\phi} = \frac{\overline{\rho\phi}}{\overline{\rho}} \Leftrightarrow \overline{\rho}\tilde{\phi} = \overline{\rho\phi} \tag{3.7}$$

Analog zu (3.1) lässt sich ϕ nach Favre-Mittelung wie folgt aufspalten [17]:

$$\phi = \tilde{\phi} + \phi'' \tag{3.8}$$

Es gelten hier allerdings andere Rechenregeln:

$$\overline{\rho\phi''} = \overline{\rho\phi} - \overline{\rho}\tilde{\phi} = 0 \tag{3.9}$$

$$\overline{\phi''} \neq 0 \tag{3.10}$$

$$\overline{\rho\phi''\phi''} \neq 0 \tag{3.11}$$

Die Erhaltungsgleichungen für Masse, Impuls und Energie lassen sich in einem kartesischen Koordinatensystem (x, y, z) folgendermaßen aufstellen (Kap. 2):

$$\frac{\partial \rho}{\partial t} + \frac{\partial (\rho v_x)}{\partial x} + \frac{\partial (\rho v_y)}{\partial y} + \frac{\partial (\rho v_z)}{\partial z} = 0 \tag{3.12}$$

$$\frac{\partial \rho v_x}{\partial t} + \frac{\partial \rho v_x^2}{\partial x} + \frac{\partial \rho v_x v_y}{\partial y} + \frac{\partial \rho v_x v_z}{\partial z} = -\frac{\partial p}{\partial x} + \frac{\partial \tau_{xx}}{\partial x} + \frac{\partial \tau_{yx}}{\partial y} + \frac{\partial \tau_{zx}}{\partial z} \tag{3.13}$$

$$\frac{\partial \rho v_y}{\partial t} + \frac{\partial \rho v_y v_x}{\partial x} + v_y \frac{\partial \rho v_y^2}{\partial y} + \frac{\partial \rho v_y v_z}{\partial z} = -\frac{\partial p}{\partial y} + \frac{\partial \tau_{xy}}{\partial x} + \frac{\partial \tau_{yy}}{\partial y} + \frac{\partial \tau_{zy}}{\partial z} \tag{3.14}$$

$$\frac{\partial \rho v_z}{\partial t} + \frac{\partial \rho v_z v_x}{\partial x} + \frac{\partial \rho v_z v_y}{\partial y} + \frac{\partial \rho v_z^2}{\partial z} = -\frac{\partial p}{\partial z} + \frac{\partial \tau_{xz}}{\partial x} + \frac{\partial \tau_{yz}}{\partial y} + \frac{\partial \tau_{zz}}{\partial z} \tag{3.15}$$

$$\frac{\partial (\rho u)}{\partial t} + \frac{\partial (\rho v_x H)}{\partial x} + \frac{\partial (\rho v_y H)}{\partial y} + \frac{\partial (\rho v_z H)}{\partial z}$$
$$= \frac{\partial}{\partial x}\left(\lambda \frac{\partial T}{\partial x}\right) + \frac{\partial}{\partial y}\left(\lambda \frac{\partial T}{\partial y}\right) + \frac{\partial}{\partial z}\left(\lambda \frac{\partial T}{\partial z}\right)$$
$$+ \frac{\partial}{\partial x}\left(-v_x p + v_x \tau_{xx} + v_y \tau_{xy} + v_z \tau_{xz}\right)$$
$$+ \frac{\partial}{\partial y}\left(-v_y p + v_x \tau_{yx} + v_y \tau_{yy} + v_z \tau_{yz}\right) \tag{3.16}$$
$$+ \frac{\partial}{\partial z}\left(-v_z p + v_x \tau_{zx} + v_y \tau_{zy} + v_z \tau_{zz}\right)$$
$$- \left(\frac{\partial \rho v^2/2}{\partial t} + \frac{\partial \left(\rho v_x v^2/2\right)}{\partial x} + \frac{\partial \left(\rho v_y v^2/2\right)}{\partial y} + \frac{\partial \left(\rho v_z v^2/2\right)}{\partial z}\right)$$

wobei die Volumenkräfte f_V und der Wärmestrom durch Strahlung $\dot{q}_S$ nicht berücksichtigt sind.

Zersetzt man die Geschwindigkeitskomponenten, innere Energie und Temperatur in Gl. (3.12) bis (3.16) nach Favre-Mittelung, mittelt die Gleichungen zeitlich und verwendet die obengenannten Rechenregeln, ergeben sich:

$$\frac{\partial \overline{\rho}}{\partial t} + \frac{\partial (\overline{\rho} \widetilde{v_x})}{\partial x} + \frac{\partial \left(\overline{\rho} \widetilde{v_y}\right)}{\partial y} + \frac{\partial (\overline{\rho} \widetilde{v_z})}{\partial z} = 0 \tag{3.17}$$

$$\frac{\partial \overline{\rho} \widetilde{v}_x}{\partial t} + \frac{\partial \overline{\rho} \widetilde{v}_x^2}{\partial x} + \frac{\partial \overline{\rho} \widetilde{v_x v_y}}{\partial y} + \frac{\partial \overline{\rho} \widetilde{v_x v_z}}{\partial z} + \frac{\partial \overline{\rho v_x''^2}}{\partial x} + \frac{\partial \overline{\rho v_x'' v_y''}}{\partial y} + \frac{\partial \overline{\rho v_x'' v_z''}}{\partial z}$$
$$= -\frac{\partial \overline{p}}{\partial x} + \frac{\partial \widetilde{\tau_{xx}}}{\partial x} + \frac{\partial \widetilde{\tau_{yx}}}{\partial y} + \frac{\partial \widetilde{\tau_{zx}}}{\partial z} + \frac{\partial \overline{\tau_{xx}''}}{\partial x} + \frac{\partial \overline{\tau_{yx}''}}{\partial y} + \frac{\partial \overline{\tau_{zx}''}}{\partial z} \tag{3.18}$$

$$\frac{\partial \overline{\rho} \widetilde{v}_y}{\partial t} + \frac{\partial \overline{\rho} \widetilde{v_y v_x}}{\partial x} + \frac{\partial \overline{\rho} \widetilde{v}_y^2}{\partial y} + \frac{\partial \overline{\rho} \widetilde{v_y v_z}}{\partial z} + \frac{\partial \overline{\rho v_y'' v_x''}}{\partial x} + \frac{\partial \overline{\rho v_y''^2}}{\partial y} + \frac{\partial \overline{\rho v_y'' v_z''}}{\partial z}$$
$$= -\frac{\partial \overline{p}}{\partial y} + \frac{\partial \widetilde{\tau_{xy}}}{\partial x} + \frac{\partial \widetilde{\tau_{yy}}}{\partial y} + \frac{\partial \widetilde{\tau_{zy}}}{\partial z} + \frac{\partial \overline{\tau_{xy}''}}{\partial x} + \frac{\partial \overline{\tau_{yy}''}}{\partial y} + \frac{\partial \overline{\tau_{zy}''}}{\partial z} \tag{3.19}$$

$$\frac{\partial \overline{\rho} \widetilde{v}_z}{\partial t} + \frac{\partial \overline{\rho} \widetilde{v_z v_x}}{\partial x} + \frac{\partial \overline{\rho} \widetilde{v_z v_y}}{\partial y} + \frac{\partial \overline{\rho} \widetilde{v}_z^2}{\partial z} + \frac{\partial \overline{\rho v_z'' v_x''}}{\partial x} + \frac{\partial \overline{\rho v_z'' v_y''}}{\partial y} + \frac{\partial \overline{\rho v_z''^2}}{\partial z}$$
$$= -\frac{\partial \overline{p}}{\partial z} + \frac{\partial \widetilde{\tau_{xz}}}{\partial x} + \frac{\partial \widetilde{\tau_{yz}}}{\partial y} + \frac{\partial \widetilde{\tau_{zz}}}{\partial z} + \frac{\partial \overline{\tau_{xz}''}}{\partial x} + \frac{\partial \overline{\tau_{yz}''}}{\partial y} + \frac{\partial \overline{\tau_{zz}''}}{\partial z} \tag{3.20}$$

$$\frac{\partial (\overline{\rho} \widetilde{u})}{\partial t} + \frac{\partial (\overline{\rho v_x H})}{\partial x} + \frac{\partial (\overline{\rho v_y H})}{\partial y} + \frac{\partial (\overline{\rho v_z H})}{\partial z} + \frac{\partial (\overline{\rho v_x'' H''})}{\partial x} + \frac{\partial (\overline{\rho v_y'' H''})}{\partial y} + \frac{\partial (\overline{\rho v_z'' H''})}{\partial z}$$
$$= \frac{\partial}{\partial x}\left[\lambda\left(\frac{\partial \widetilde{T}}{\partial x} + \frac{\partial \overline{T''}}{\partial x}\right)\right] + \frac{\partial}{\partial y}\left[\lambda\left(\frac{\partial \widetilde{T}}{\partial y} + \frac{\partial \overline{T''}}{\partial y}\right)\right] + \frac{\partial}{\partial z}\left[\lambda\left(\frac{\partial \widetilde{T}}{\partial z} + \frac{\partial \overline{T''}}{\partial z}\right)\right]$$
$$+ \frac{\partial}{\partial x}(-\widetilde{v}_x \overline{p} + \widetilde{v_x \tau_{xx}} + \widetilde{v_x \tau_{xx}''} + \overline{v_x'' \tau_{xx}} + \overline{v_x'' \tau_{xx}''} + \widetilde{v_y \tau_{xy}} + \widetilde{v_y \tau_{xy}''}$$
$$+ \overline{v_y'' \tau_{xy}} + \overline{v_y'' \tau_{xy}''} + \widetilde{v_z \tau_{xz}} + \widetilde{v_z \tau_{xz}''} + \overline{v_z'' \tau_{xz}} + \overline{v_z'' \tau_{xz}''})$$
$$+ \frac{\partial}{\partial y}(-\widetilde{v}_y \overline{p} + \widetilde{v_x \tau_{yx}} + \widetilde{v_x \tau_{yx}''} + \overline{v_x'' \tau_{yx}} + \overline{v_x'' \tau_{yx}''} + \widetilde{v_y \tau_{yy}} + \widetilde{v_y \tau_{yy}''}$$
$$+ \overline{v_y'' \tau_{yy}} + \overline{v_y'' \tau_{yy}''} + \widetilde{v_z \tau_{yz}} + \widetilde{v_z \tau_{yz}''} + \overline{v_z'' \tau_{yz}} + \overline{v_z'' \tau_{yz}''})$$
$$+ \frac{\partial}{\partial z}(-\widetilde{v}_z \overline{p} + \widetilde{v_x \tau_{zx}} + \widetilde{v_x \tau_{zx}''} + \overline{v_x'' \tau_{zx}} + \overline{v_x'' \tau_{zx}''} + \widetilde{v_y \tau_{zy}} + \widetilde{v_y \tau_{zy}''}$$
$$+ \overline{v_y'' \tau_{zy}} + \overline{v_y'' \tau_{zy}''} + \widetilde{v_z \tau_{zz}} + \widetilde{v_z \tau_{zz}''} + \overline{v_z'' \tau_{zz}} + \overline{v_z'' \tau_{zz}''}) \tag{3.21}$$
$$- \left(\frac{\partial \overline{\rho} \widetilde{v}^2 / 2}{\partial t} + \frac{\partial (\overline{\rho v_x} \widetilde{v}^2 / 2)}{\partial x} + \frac{\partial (\overline{\rho v_y} \widetilde{v}^2 / 2)}{\partial y}\right.$$
$$\left. + \frac{\partial (\overline{\rho v_z} \widetilde{v}^2 / 2)}{\partial z} + \frac{\partial (\overline{\rho v_x'' v^{2''}} / 2)}{\partial x} + \frac{\partial (\overline{\rho v_y'' v^{2''}} / 2)}{\partial y} + \frac{\partial (\overline{\rho v_z'' v^{2''}} / 2)}{\partial z}\right)$$

Die Dichte und der Druck werden trivialerweise nicht massengemittelt.

$\overline{\partial T''}$, $\widetilde{v_i \tau_{ji}''}$, $\overline{v_i'' \tau_{ji}}$, $\overline{v_i'' \tau_{ji}''}$ und $\overline{\rho v_i'' v^{2''}}$ mit $i = x, y, z$ und $j = x, y, z$ werden meistens vernachlässigt. Somit vereinfachen sich Gl. (3.18) bis (3.21) zu:

$$
\frac{\partial \overline{\rho} \widetilde{v_x}}{\partial t} + \frac{\partial \overline{\rho} \widetilde{v_x^2}}{\partial x} + \frac{\partial \overline{\rho} \widetilde{v_x v_y}}{\partial y} + \frac{\partial \overline{\rho} \widetilde{v_x v_z}}{\partial z} + \frac{\partial \overline{\rho v_x''^2}}{\partial x} + \frac{\partial \overline{\rho v_x'' v_y''}}{\partial y} + \frac{\partial \overline{\rho v_x'' v_z''}}{\partial z}
$$
$$
= -\frac{\partial \overline{p}}{\partial x} + \frac{\partial \widetilde{\tau_{xx}}}{\partial x} + \frac{\partial \widetilde{\tau_{yx}}}{\partial y} + \frac{\partial \widetilde{\tau_{zx}}}{\partial z}
\tag{3.22}
$$

$$
\frac{\partial \overline{\rho} \widetilde{v_y}}{\partial t} + \frac{\partial \overline{\rho} \widetilde{v_y v_x}}{\partial x} + \frac{\partial \overline{\rho} \widetilde{v_y^2}}{\partial y} + \frac{\partial \overline{\rho} \widetilde{v_y v_z}}{\partial z} + \frac{\partial \overline{\rho v_y'' v_x''}}{\partial x} + \frac{\partial \overline{\rho v_y''^2}}{\partial y} + \frac{\partial \overline{\rho v_y'' v_z''}}{\partial z}
$$
$$
= -\frac{\partial \overline{p}}{\partial y} + \frac{\partial \widetilde{\tau_{xy}}}{\partial x} + \frac{\partial \widetilde{\tau_{yy}}}{\partial y} + \frac{\partial \widetilde{\tau_{zy}}}{\partial z}
\tag{3.23}
$$

$$
\frac{\partial \overline{\rho} \widetilde{v_z}}{\partial t} + \frac{\partial \overline{\rho} \widetilde{v_z v_x}}{\partial x} + \frac{\partial \overline{\rho} \widetilde{v_z v_y}}{\partial y} + \frac{\partial \overline{\rho} \widetilde{v_z^2}}{\partial z} + \frac{\partial \overline{\rho v_z'' v_x''}}{\partial x} + \frac{\partial \overline{\rho v_z'' v_y''}}{\partial y} + \frac{\partial \overline{\rho v_z''^2}}{\partial z}
$$
$$
= -\frac{\partial \overline{p}}{\partial z} + \frac{\partial \widetilde{\tau_{xz}}}{\partial x} + \frac{\partial \widetilde{\tau_{yz}}}{\partial y} + \frac{\partial \widetilde{\tau_{zz}}}{\partial z}
\tag{3.24}
$$

$$
\frac{\partial (\overline{\rho} \widetilde{u})}{\partial t} + \frac{\partial (\overline{\rho} \widetilde{v_x H})}{\partial x} + \frac{\partial (\overline{\rho} \widetilde{v_y H})}{\partial y} + \frac{\partial (\overline{\rho} \widetilde{v_z H})}{\partial z} + \frac{\partial (\overline{\rho v_x'' H''})}{\partial x} + \frac{\partial (\overline{\rho v_y'' H''})}{\partial y} + \frac{\partial (\overline{\rho v_z'' H''})}{\partial z}
$$
$$
= \frac{\partial}{\partial x}\left[\lambda\left(\frac{\partial \widetilde{T}}{\partial x}\right)\right] + \frac{\partial}{\partial y}\left[\lambda\left(\frac{\partial \widetilde{T}}{\partial y}\right)\right] + \frac{\partial}{\partial z}\left[\lambda\left(\frac{\partial \widetilde{T}}{\partial z}\right)\right]
$$
$$
+ \frac{\partial}{\partial x}\left(-\widetilde{v_x}\overline{p} + \widetilde{v_x \tau_{xx}} + \widetilde{v_y \tau_{xy}} + \widetilde{v_z \tau_{xz}}\right)
$$
$$
+ \frac{\partial}{\partial y}\left(-\widetilde{v_y}\overline{p} + \widetilde{v_x \tau_{yx}} + \widetilde{v_y \tau_{yy}} + \widetilde{v_z \tau_{yz}}\right)
$$
$$
+ \frac{\partial}{\partial z}\left(-\widetilde{v_z}\overline{p} + \widetilde{v_x \tau_{zx}} + \widetilde{v_y \tau_{zy}} + \widetilde{v_z \tau_{zz}}\right)
$$
$$
- \left(\frac{\partial \overline{\rho} \widetilde{v^2}/2}{\partial t} + \frac{\partial \left(\overline{\rho} \widetilde{v_x v^2}/2\right)}{\partial x} + \frac{\partial \left(\overline{\rho} \widetilde{v_y v^2}/2\right)}{\partial y} + \frac{\partial \left(\overline{\rho} \widetilde{v_z v^2}/2\right)}{\partial z}\right)
\tag{3.25}
$$

Das Erhaltungsgleichungssystem ist aufgrund der neuen Terme $\overline{\rho v_x''^2}$, $\overline{\rho v_x'' v_y''}$, $\overline{\rho v_x'' v_z''}$, $\overline{\rho v_y''^2}$, $\overline{\rho v_y'' v_z''}$, $\overline{\rho v_z''^2}$, $\overline{\rho v_x'' H''}$, $\overline{\rho v_y'' H''}$ und $\overline{\rho v_z'' H''}$ nicht mehr geschlossen. Die ersten 6 Terme werden turbulente Spannungen genannt, die letzten 3 turbulente Wärmeströme. Um wieder zu einem mathematisch lösbaren System zu kommen, müssen die neuen Terme auf bekannte Strömungsgrößen zurückgeführt

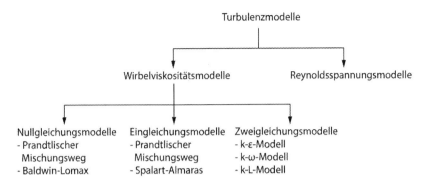

Abb. 3.3 In RANS-Methode einsetzbare Turbulenzmodelle [19]

werden. Für die turbulenten Spannungen werden die sog. Turbulenzmodelle eingesetzt [18]. Abb. 3.3 zeigt die Einteilung der verbreiteten Turbulenzmodelle.

Die turbulenten Wärmeströme werden durch die Reynolds-Analogie [20] ermittelt. Es gilt:

$$\overline{\rho v_x'' H''} = c_p \overline{\rho v_x'' T''} = \lambda_t \frac{\partial \widetilde{T}}{\partial x} \qquad (3.26)$$

$$\overline{\rho v_y'' H''} = c_p \overline{\rho v_y'' T''} = \lambda_t \frac{\partial \widetilde{T}}{\partial y} \qquad (3.27)$$

$$\overline{\rho v_z'' H''} = c_p \overline{\rho v_z'' T''} = \lambda_t \frac{\partial \widetilde{T}}{\partial z} \qquad (3.28)$$

λ_t ist die turbulente Leitfähigkeit. Sie hat keinen Zusammenhang mit der molekularen Wärmeleitfähigkeit λ. Sie ist als eine Eigenschaft der Turbulenz zu verstehen. λ_t ist in den meisten Fällen erheblich größer als λ. Um die turbulente Leitfähigkeit bestimmen zu können, wird die turbulente Prandtl-Zahl, die analog zur molekularen Prandtl-Zahl definiert ist, eingeführt:

$$Pr_t = \frac{\eta_t c_p}{\lambda_t} \qquad (3.29)$$

Die turbulente Prandtl-Zahl wird in der Regel mit einem Wert nicht wesentlich kleiner eins angenommen, meistens mit 0,9. η_t ist die turbulente Viskosität, ihre Berechnung erfolgt mit den Turbulenzmodellen.

3.1.1 Wirbelviskositätsmodelle

Analog zur Stokessche Hypothese hat Boussinesq [21] einen Gradientensatz zur Berechnung der turbulenten Spannungen, der auf der Annahme beruht, dass die Turbulenz sich isotrop verhält, vorgeschlagen:

$$-\overline{\rho v_i'' v_j''} = 2\eta_t \widetilde{S}_{ij} - \frac{2\eta_t}{3} \vec{\nabla} \cdot \vec{v}\, \delta_{ij} - \frac{2}{3}\bar{\rho}k\delta_{ij} \tag{3.30}$$

mit $i = x, y, z$ und $j = x, y, z$ für ein kartesisches Koordinatensystem (x, y, z), und

$$S_{ij} = \frac{1}{2}\left(\frac{\partial v_i}{\partial j} + \frac{\partial v_j}{\partial i}\right) \tag{3.31}$$

δ_{ij} (Kronecker-Delta) beträgt 1 bei $i = j$, ansonsten 0. k wird turbulente kinetische Energie genannt.

Die Wirbelviskosität η_t, die auch als turbulente Viskosität bezeichnet wird, ist eine Größe, die wie die turbulente Leitfähigkeit keine Stoffeigenschaft ist, sondern eine Eigenschaft der Turbulenz jeweiliger Strömung. In der Regel ist $\eta_t \gg \eta$ (η_t beträgt meistens das 100- bis über 1000-fache von η [8]); d. h., der Strömungswiderstand infolge Turbulenz ist wesentlich größer als der infolge Reibung.

Die rechte Seite der Gl. (3.30) ist ähnlich aufgebaut wie die rechte Seite der Gl. (2.21)–(2.26) (Stokessche Hypothese) mit Ausnahme des Auftretens der turbulenten Viskosität statt der molekularen Viskosität und des Terms $2/3\bar{\rho}k\delta_{ij}$, der den turbulenten Druck darstellt [12].

Durch den Boussinesq-Ansatz sind statt der 6 unbekannten turbulenten Spannungen jetzt nur noch zwei Unbekannte, nämlich η_t und k vorhanden. Um sie zu bestimmen, werden die sog. Wirbelviskositätsmodelle genutzt. Diese unterscheiden sich nach der Zahl der für die Berechnung gelösten Transportgleichungen in Null-, Ein- und Zweigleichungsmodelle. Bei den Nullgleichungsmodellen wird η_t durch eine einfache algebraische Gleichung gelöst, während k vernachlässigt wird. Bei den Eingleichungsmodellen wird η_t mit einer Differenzialgleichung berechnet; hier wird k auch vernachlässigt. Bei den Zweigleichungsmodellen werden η_t und k mit zwei Differenzialgleichungen bestimmt.

Im Folgenden sind die Dichte und die Geschwindigkeitskomponente als gemittelte Größen zu verstehen, da die entsprechenden Notationen zur Vereinfachung weggelassen werden.

Nullgleichungsmodelle

Die Nullgleichungsmodelle sind die einfachsten Turbulenzmodelle, bei denen die Wirbelviskosität durch eine einfache algebraische Gleichung gelöst wird. Das älteste Modell ist der Prandtlsche Mischungsweg [22, 23], der auf die Annahme basiert, dass entlang fester Wände die Ortsabhängigkeit der Wirbelviskosität auf eine einzige Koordinate reduziert werden kann, den Wandabstand d:

$$\eta_t = \rho l^2 \left| \frac{\partial v_m}{\partial d} \right| \tag{3.32}$$

l wird Mischungsweglänge genannt. Sie ist als die Strecke definiert, die ein Turbulenzballen stromab zurücklegt, bis er sich vollständig mit seiner Umgebung vermischt hat [11]. Sie wird folgendermaßen angenommen:

$$l = 0{,}4187d \tag{3.33}$$

0,4187 wird Kármán-Konstante genannt. v_m ist die parallel zur Wand mittlere Geschwindigkeitskomponente. Die Betragsstriche sorgen um einen Geschwindigkeitsgradienten für das richtige Vorzeichen.

Die Nullgleichungsmodelle sind auf bestimmte Geometrien spezialisiert, z. B. einen aerodynamischen Tragflügel mit Nachlauf [24], daher werden sie heute kaum noch verwendet. Das zweite Nullgleichungsmodell in Abb. 3.2 – das Baldwin-Lomax-Modell – wird hier nicht betrachtet, es wird auf z. B. [24] verwiesen.

Eingleichungsmodelle

Der bekannteste Vertreter der Eingleichungsmodelle ist das Spalart-Allmaras-Modell [25], bei dem die Wirbelviskosität durch folgende Gleichung bestimmt wird:

$$\eta_t = f_{v1} \rho v_t \tag{3.34}$$

wobei

$$f_{v1} = \frac{\chi^3}{\chi^3 + c_{v1}^3} \tag{3.35}$$

$$\chi = \frac{v_t}{v} \tag{3.36}$$

υ ist die kinematische Viskosität. υ_t wird Wirbelviskositätsparameter genannt. Dieser wird durch die folgende Transportgleichung ermittelt:

$$\frac{\partial \rho \upsilon_t}{\partial t} + \frac{\partial \left(\rho \upsilon_t v_j \right)}{\partial j}$$

$$= c_{b1} \rho S_1 \upsilon_t + \frac{1}{\sigma} \left\{ \frac{\partial}{\partial j} \left[(\eta + \rho \upsilon_t) \frac{\partial \upsilon_t}{\partial j} \right] + c_{b2} \rho \left(\frac{\partial \upsilon_t}{\partial j} \right)^2 \right\} \tag{3.37}$$

$$- c_{w1} \rho f_w \left(\frac{\upsilon_t}{d} \right)^2$$

mit

$$S_1 = S_0 + \frac{\upsilon_t}{\kappa^2 d^2} f_{v2} \tag{3.38}$$

$$f_{v2} = 1 - \frac{\chi}{1 + \chi f_{v1}} \tag{3.39}$$

$$S_0 = \sqrt{2 \Omega_{ij} \Omega_{ij}} \tag{3.40}$$

$$\Omega_{ij} = \frac{1}{2} \left(\frac{\partial v_i}{\partial j} - \frac{\partial v_j}{\partial i} \right) \tag{3.41}$$

$$f_w = g \left(\frac{1 + c_{w3}^6}{g^6 + c_{w3}^6} \right)^{1/6} \tag{3.42}$$

$$g = r + c_{w2} \left(r^6 + r \right) \tag{3.43}$$

$$r = \frac{\upsilon_t}{\tilde{S} \kappa^2 d^2} \tag{3.44}$$

$$c_{w1} = \frac{c_{b1}}{\kappa^2} + \frac{1 + c_{b1}}{\sigma} \tag{3.45}$$

Für die empirischen Konstanten werden die Werte eingesetzt: $c_{b1} = 0{,}1355$, $c_{b2} = 0{,}622$, $\sigma = 2/3$, $c_{v1} = 7{,}1$, $c_{w2} = 0{,}3$, $c_{w3} = 2$, $\kappa = 0{,}4187$.

Das Spalart-Allmaras-Modell wurde speziell für Gleichgewichtsströmungen im Bereich der wandnahen Grenzschicht entwickelt [26]. Neben den Grenzschichtströmungen gelingt es mit dem Modell die Simulationen von freien

Scher- und Nachlaufströmungen in akzeptabler Weise. Für die Modellierung allgemeiner, komplexer Strömungskonfigurationen ist das Modell dagegen ungeeignet [18]. Detaillierte Beschreibung des zweiten Eingleichungsmodell-Beispiels Prandtlischer Mischungsweg findet sich z. B. in [11, 27].

Zweigleichungsmodelle

k-ε-Modell
Gegenwärtig werden hauptsächlich die Zweigleichungsmodelle eingesetzt. Zu dieser Gruppe gehört auch das bislang häufig verwendete k-ε-Modell, das inzwischen den Status des Standard-Zweigleichungsmodells bekommen hat:

$$\eta_t = C_\eta \rho \frac{k^2}{\varepsilon} \qquad (3.46)$$

k ist die turbulente kinetische Energie, ε wird turbulente Dissipationsrate genannt, C_η ist eine empirische Konstante.

Zur Berechnung von k und ε werden die zwei Transportgleichungen verwendet:

$$\frac{\partial(\rho k)}{\partial t} + \frac{\partial(\rho k v_i)}{\partial i} = \frac{\partial}{\partial j}\left[\left(\eta + \frac{\eta_t}{\sigma_k}\right)\frac{\partial k}{\partial j}\right]$$
$$+ \frac{\partial v_j}{\partial i}\left(2\eta_t S_{ij} - \frac{2\eta_t}{3}\vec{\nabla}.\vec{v}\delta_{ij} - \frac{2}{3}\rho k \delta_{ij}\right) - \rho\varepsilon \qquad (3.47)$$

$$\frac{\partial(\rho\varepsilon)}{\partial t} + \frac{\partial(\rho\varepsilon v_i)}{\partial i} = \frac{\partial}{\partial j}\left[\left(\eta + \frac{\eta_t}{\sigma_\varepsilon}\right)\frac{\partial\varepsilon}{\partial j}\right]$$
$$+ C_{\varepsilon 1}\frac{\varepsilon}{k}\frac{\partial v_j}{\partial i}\left(2\eta_t S_{ij} - \frac{2\eta_t}{3}\vec{\nabla}.\vec{v}\delta_{ij} - \frac{2}{3}\rho k \delta_{ij}\right) - C_{\varepsilon 2}\rho\frac{\varepsilon^2}{k} \qquad (3.48)$$

σ_k, σ_ε, $C_{\varepsilon 1}$ und $C_{\varepsilon 2}$ sind empirische Konstanten. Für sie und C_η werden üblicherweise die Zahlenwerte $C_\eta = 0{,}09$, $\sigma_k = 1{,}0$, $\sigma_\varepsilon = 1{,}3$, $C_{\varepsilon 1} = 1{,}44$ und $C_{\varepsilon 2} = 1{,}92$ eingesetzt [13, 28].

Das k-ε-Modell ist gut geeignet für die Berechnung von relativ einfachen Strömungen, wie Strömung im Inneren des Strömungsfeldes. Es wird häufig auch zur Analyse von globalen Strömungsstrukturen, bei denen quantitative lokale Einzelheiten nicht bestimmt werden sollen [18]. Es versagt allerdings bei der Berechnung von Strömungen, die aufgrund von Druckgradienten an der Wand ablösen [29]. Der Beginn der Ablösung wird zu spät und das Ablösegebiet wird zu klein berechnet. Weiterer Nachteil des k-ε-Modells ist seine Beschränkung bei niedrigen Reynolds-Zahlen. Um hier bessere Lösungen zu erzielen, wurden zahlreiche sog. LRN-k-ε-Modelle (LRN für Low Reynolds Number) entwickelt. Dazu zählen das Modell nach Johns und Launder [30], das Modell nach Lam und Bremhorst [31], und das Modell nach Chien [32] beispielsweise.

*RNG-**k**-**ε**-Modell*

Eine Weiterentwicklung des k-ε-Modells ist das RNG-k-ε-Modell (RNG für Renormalization-Group), das einen zusätzlichen Quellterm in Transportgleichung für ε beinhaltet und andere Werte für die Konstanten besitzt. Die Transportgleichung für ε lautet:

$$\frac{\partial(\rho\varepsilon)}{\partial t} + \frac{\partial(\rho\varepsilon v_i)}{\partial i} = \frac{\partial}{\partial j}\left[\left(\eta + \frac{\eta_t}{\sigma_\varepsilon}\right)\frac{\partial\varepsilon}{\partial j}\right]$$
$$+ C_{\varepsilon 1}\frac{\varepsilon}{k}\frac{\partial v_j}{\partial i}\left(2\eta_t S_{ij} - \frac{2\eta_t}{3}\vec{\nabla}.\vec{v}\delta_{ij} - \frac{2}{3}\rho k\delta_{ij}\right) - C_{\varepsilon 2}\rho\frac{\varepsilon^2}{k} + R_\varepsilon \quad (3.49)$$

R_ε wird nach [33] wie folgt formuliert:

$$R_\varepsilon = \frac{C_\eta \bar{\rho}\mu^3\left(1 - \frac{\mu}{\mu_o}\right)}{1 + \beta\mu^3}\frac{\varepsilon^2}{k} \quad (3.50)$$

mit
$$\mu = \sqrt{2S_{ij}S_{ij}}\frac{k}{\varepsilon} \quad (3.51)$$

μ_o beträgt 4,38 und β 0,012.

   Bei schwachen bis mäßigen Scherraten führt das RNG-k-ε-Modell tendenziell zu numerischen Ergebnissen, die weitgehend mit dem k-ε-Modell vergleichbar sind. Hier ist $\mu<\mu_o$ und $R_\varepsilon>0$. In Strömungsgebieten mit starker Stromlinienkrümmung und hohen Scherraten im mittleren Strömungsfeld ($\mu>\mu_o$ und $R_\varepsilon<0$), wie zum Beispiel in Rezirkulationsgebieten, liefert das RNG-k-ε-Modell deutlich bessere Ergebnisse als das k-ε-Modell [34]. Die Konstanten C_η, σ_k, σ_ε, $C_{\varepsilon 1}$ und $C_{\varepsilon 2}$ lassen sich von RNG-Theorie ableiten. Sie sind im Folgenden zusammengestellt: $C_\eta=0,0845$, $\sigma_k=0,718$, $\sigma_\varepsilon=0,718$, $C_{\varepsilon 1}=1,42$ und $C_{\varepsilon 2}=1,68$.

*Realizable-**k**-**ε**-Modell*

Ein weiteres aus dem k-ε-Modell entwickeltes Modell ist das Realizable-k-ε-Modell [35]. Das Modell gewährleistet die Positivität normaler Spannungen („Realizable"), indem C_η als variable Größe mit folgender Funktion berechnet wird:

$$C_\eta = \frac{1}{A_o + A_s Uk/\varepsilon} \quad (3.52)$$

Hierbei ist

$$A_s = \sqrt{6}cos(\phi) \tag{3.53}$$

$$\phi = \frac{1}{3cos\left(\sqrt{6}W\right)} \tag{3.54}$$

$$W = \frac{S_{ij}S_{jk}S_{ki}}{\left(S_{ij}S_{ij}\right)^{3/2}} \tag{3.55}$$

$$U = \sqrt{S_{ij}S_{ij} + \left(\Omega_{ij} - 2\epsilon_{ijk}\omega_k\right)\left(\Omega_{ij} - 2\epsilon_{ijk}\omega_k\right)} \tag{3.56}$$

A_o beträgt 4,04. Ω_{ij} ist der Tensor der mittleren Rotation in einem mit der Winkel-geschwindigkeit ω_k rotierendem Bezugssystem. ϵ_{ijk} ist 1, wenn i, j und k unterschiedlich sind und sich in zyklischer Anordnung befinden. ϵ_{ijk} ist -1, wenn i, j und k unterschiedlich sind, und in antizyklischer Anordnung. ϵ_{ijk} ist 0, wenn zwei Indizes gleich sind.

Als weitere Modifikation wurde eine neue Transportgleichung für die Dissipation ε eingeführt:

$$\frac{\partial(\rho\varepsilon)}{\partial t} + \frac{\partial(\rho\varepsilon v_i)}{\partial i} = \frac{\partial}{\partial j}\left[\left(\eta + \frac{\eta_t}{\sigma_\varepsilon}\right)\frac{\partial\varepsilon}{\partial j}\right] + C_{\varepsilon 1}\rho\varepsilon\sqrt{2S_{ij}S_{ij}} - C_{\varepsilon 2}\rho\frac{\varepsilon^2}{k + \sqrt{(\eta_t/\rho)\varepsilon}} \tag{3.57}$$

mit

$$C_{\varepsilon 1} = max\left[0,43, \frac{\mu}{\mu + 5}\right] \tag{3.58}$$

Die Konstanten in k- und ε-Transportgleichungen entsprechen in etwa den Modellkonstanten in k-ε-Modell: $\sigma_k = 1,0$, $\sigma_\varepsilon = 1,2$, $C_{\varepsilon 1} = 1,44$ und $C_{\varepsilon 2} = 1,9$.

Das Realizable-k-ε-Modell ergibt in bestimmten Strömungsgebieten wie z. B. im Staupunkt einer Profilumströmung oder im Ausgang eines runden Freistrahles physikalisch realistische und genauere Turbulenzwerte [18, 36].

k-ω-Modell
Als zweiter Vertreter der Zweigleichungsmodelle ist das k-ω-Modell [37], das die Strömungsvorgänge in Wandnähe genauer als das k-ε-Modell erfasst. Dies wird

erreicht, indem anstelle der turbulenten Dissipation ε die turbulente Frequenz ω verwendet wird. Im Inneren des Strömungsfeldes ist das k-ω-Modell allerdings dem k-ε-Modell bezüglich der Genauigkeit unterlegen [38]. Bei dem k-ω-Modell lässt sich die Wirbelviskosität als

$$\eta_t = \rho \frac{k}{\omega} \tag{3.59}$$

berechnen, wobei:

$$\omega = \frac{\varepsilon}{k} \tag{3.60}$$

Die Transportgleichungen für k und ω lauten:

$$\frac{\partial(\rho k)}{\partial t} + \frac{\partial(\rho k v_i)}{\partial i} = \frac{\partial}{\partial j}\left[\left(\eta + \frac{\eta_t}{\sigma_k}\right)\frac{\partial k}{\partial j}\right]$$
$$+ \frac{\partial v_j}{\partial i}\left(2\eta_t S_{ij} - \frac{2\eta_t}{3}\vec{\nabla}.\vec{v}\delta_{ij} - \frac{2}{3}\rho k \delta_{ij}\right) - \beta^* \rho k \omega \tag{3.61}$$

$$\frac{\partial(\rho \omega)}{\partial t} + \frac{\partial(\rho \omega v_i)}{\partial i} = \frac{\partial}{\partial j}\left[\left(\eta + \frac{\eta_t}{\sigma_\omega}\right)\frac{\partial \omega}{\partial j}\right]$$
$$+ \alpha\frac{\omega}{k}\frac{\partial v_j}{\partial i}\left(2\eta_t S_{ij} - \frac{2\eta_t}{3}\vec{\nabla}.\vec{v}\delta_{ij} - \frac{2}{3}\rho k \delta_{ij}\right) - \beta_1 \rho \omega^2 \tag{3.62}$$

mit den Modell-Konstanten: $\sigma_k = 2{,}0$, $\sigma_\omega = 2{,}0$, $\alpha = 0{,}52$, $\beta^* = 0{,}09$ und $\beta_1 = 0{,}072$.

SST-*k*-ω-Modell

Um die Vorteile der k-ε- und k-ω-Modelle zu kombinieren, wurde das SST-k-ω-Modell (SST für Shear Stress Transport) entwickelt [39]. Es verwendet das k-ε-Modell in der freien Strömung und das k-ω-Modell in Wandnähe sowie eine modifizierte Wirbelviskositätsbeziehung, welche die Schubspannungen bei Druckanstieg begrenzt. Das SST-k-ω-Modell wird als das neue Standardturbulenzmodell angesehen.

Bei dem Modell wird die turbulente Viskosität folgendermaßen beschrieben:

$$\eta_t = \frac{\rho a_1 k}{max\left(a\omega, \sqrt{2S_{ij}S_{ij}}F_2\right)} \tag{3.63}$$

F_2 ist als

$$F_2 = tanh\left(\Phi_2^2\right) \tag{3.64}$$

definiert, wobei

$$\Phi_2 = max\left(\frac{2\sqrt{k}}{0,09\omega d_n}, \frac{500\eta}{\rho\omega d_n^2}\right) \tag{3.65}$$

d_n ist die Entfernung zur nächsten Wand.

Die Transportgleichungen für k und ω haben die Formen:

$$\begin{aligned}\frac{\partial(\rho k)}{\partial t} + \frac{\partial(\rho k v_i)}{\partial i} &= \frac{\partial}{\partial j}\left[\left(\eta + \frac{\eta_t}{\sigma_{k3}}\right)\frac{\partial k}{\partial j}\right]\\ &+ \frac{\partial v_j}{\partial i}\left(2\eta_t S_{ij} - \frac{2\eta_t}{3}\vec{\nabla}.\vec{v}\delta_{ij} - \frac{2}{3}\rho k\delta_{ij}\right) - \beta^*\rho k\omega\end{aligned} \tag{3.66}$$

$$\begin{aligned}\frac{\partial(\rho\omega)}{\partial t} + \frac{\partial(\rho\omega v_i)}{\partial i} &= \frac{\partial}{\partial j}\left[\left(\eta + \frac{\eta_t}{\sigma_{\omega3}}\right)\frac{\partial\omega}{\partial j}\right] + 2\rho(1 - F_1)\frac{1}{\sigma_{\omega2}\omega}\frac{\partial k}{\partial j}\frac{\partial\omega}{\partial j}\\ &+ \alpha_3\frac{\omega}{k}\frac{\partial v_j}{\partial i}\left(2\eta_t S_{ij} - \frac{2\eta_t}{3}\vec{\nabla}.\vec{v}\delta_{ij} - \frac{2}{3}\rho k\delta_{ij}\right) - \beta_3\rho\omega^2\end{aligned} \tag{3.67}$$

wobei

$$\sigma_{k3} = F_1\sigma_{k1} + (1 - F_1)\sigma_{k2} \tag{3.68}$$

$$\sigma_{\omega3} = F_1\sigma_{\omega1} + (1 - F_1)\sigma_{\omega2} \tag{3.69}$$

$$\alpha_3 = F_1\alpha_1 + (1 - F_1)\alpha_2 \tag{3.70}$$

$$\beta_3 = F_1\beta_1 + (1 - F_1)\beta_2 \tag{3.71}$$

$$F_1 = tanh\left(\Phi^4\right) \tag{3.72}$$

$$\Phi = min\left[max\left(\frac{2\sqrt{k}}{0,09\omega d_n}, \frac{500\eta}{\rho\omega d_n^2}\right), \frac{4\rho k}{D_\omega\sigma_{\omega2}d_n^2}\right] \tag{3.73}$$

$$D_\omega = max\left(2\rho\frac{1}{\sigma_{\omega2}\omega}\frac{\partial k}{\partial x_j}\frac{\partial\omega}{\partial x_j}, 10^{-10}\right) \tag{3.74}$$

Die Modellkonstanten haben die Werte: $\beta^*=0,09$, $a=0,31$, $\sigma_{k1}=1,176$, $\sigma_{k2}=1,0$, $\sigma_{\omega1}=2,0$, $\sigma_{\omega2}=0,168$, $\alpha_1=0,556$, $\alpha_2=0,44$, $\beta_1=0,075$ und $\beta_2=0,0828$.

3.1.2 Reynoldsspannungsmodelle

Die Wirbelviskositätsmodelle weisen hohe nummerische Robustheit auf, haben jedoch Defizite bei der Vorhersage abgelöster Strömungen. Verbessrungen der Vorhersage ergeben sich, wenn man die Reynoldsspannungsmodelle einsetzt. Der Aufwand zur numerischen Lösung erhöht sich allerdings erheblich, während die Robustheit des Verfahrens in der Regel sinkt [40].

Reynoldsspannungsmodelle basieren nicht auf der Boussinesq-Hypothese zur Bestimmung der turbulenten Spannungen, sondern auf Transportgleichungen für $v_i'' v_j''$ selbst [41]. Sie können die Effekte der Anisotropie der Turbulenz berücksichtigen und bringen damit große Vorteile, wenn anisotrope Turbulenzstrukturen von Bedeutung sind.

Für eine dreidimensionale Strömung werden Transportgleichungen zur Berechnung von sechs Komponenten ($v_x'' v_x''$, $v_x'' v_y''$, $v_x'' v_z''$, $v_y'' v_y''$, $v_y'' v_z''$, $v_z'' v_z''$) benötigt. Diese besitzen die allgemeine Form:

$$\frac{\partial \left(\rho v_i'' v_j'' \right)}{\partial t} + \frac{\partial \left(v_k \rho v_i'' v_j'' \right)}{\partial x_k} = D_{ij} + P_{ij} + \phi_{ij} + \Omega_{ij} - \varepsilon_{ij} \qquad (3.75)$$

D_{ij} wird Diffusionsterm genannt, P_{ij} Produktionsterm, Φ_{ij} Druck-Scher-Korrelation-Term, Ω_{ij} Rotationsterm, und ε_{ij} Dissipationsterm. v_i, v_j und $v_k \in \left\{ v_x, v_y, v_z \right\}$ sind die Geschwindigkeitskomponenten im kartesischen Koordinatensystem (x, y, z), wobei x_i, x_j und $x_k \in \{x, y, z\}$.

Der Diffusionsterm wird wie folgt formuliert:

$$D_{ij} = \frac{\partial}{\partial x_k} \left[\left(\eta + \rho C_\eta \frac{k^2}{\varepsilon \sigma_k} \right) \frac{\partial v_i'' v_j''}{\partial x_k} \right] \qquad (3.76)$$

Für die turbulente kinetische Energie k gilt:

$$k = \frac{1}{2} \left(v_x''^2 + v_y''^2 + v_z''^2 \right) \qquad (3.77)$$

und für die turbulente Dissipationsrate ε:

$$\frac{\partial (\rho \varepsilon)}{\partial t} + \frac{\partial (\rho \varepsilon v_i)}{\partial x_i} = \frac{\partial}{\partial x_j} \left[\left(\eta + \rho C_\eta \frac{k^2}{\varepsilon \sigma_k} \right) \frac{\partial \varepsilon}{\partial x_j} \right] + \frac{1}{2} C_{\varepsilon 1} \frac{\varepsilon}{k} P_{ij} - C_{\varepsilon 2} \rho \frac{\varepsilon^2}{k} \qquad (3.78)$$

C_η beträgt 0,09, σ_k 0,82, $C_{\varepsilon 1}$ 1,44 und $C_{\varepsilon 2}$ 1,92.

Der nächste Term in der rechten Seite der Gl. (3.75) ist als

$$P_{ij} = -\left(\rho v_j'' v_k'' \frac{\partial v_i}{\partial x_k} + \rho v_i'' v_k'' \frac{\partial v_j}{\partial x_k} \right) \tag{3.79}$$

definiert. Der folgende Term wird in einen sog. langsamen Term ($\Phi_{ij,1}$), der die Rückkehr zur Isotropie beschreibt, einen schnellen Term ($\Phi_{ij,2}$), der die Interaktion zwischen den mittleren Strömungsgrößen und den turbulenten Größen beschreibt, und einen harmonischen Term ($\Phi_{ij,w}$), der die normalen Spannungen senkrecht zur Wand dämpft, aufgeteilt:

$$\phi_{ij} = \phi_{ij,1} + \phi_{ij,2} + \phi_{ij,w} \tag{3.80}$$

$$\phi_{ij,1} = -C_1 \bar{\rho} \frac{\varepsilon}{k} \left(v_i'' v_j'' - \frac{2}{3} k \delta_{ij} \right) \tag{3.81}$$

$$\phi_{ij,2} = -C_2 \left(P_{ij} - \frac{1}{3} P_{ij} \delta_{ij} \right) \tag{3.82}$$

$$\begin{aligned}
\phi_{ij,w} = {} & C_1' \frac{\varepsilon}{k} \left(v_k'' v_l'' n_k n_l \delta_{ij} - \frac{3}{2} v_i'' v_k'' n_j n_k - \frac{3}{2} v_j'' v_k'' n_i n_k \right) \frac{C_\eta^{3/4} k^{3/2}}{\kappa \varepsilon d} \\
& + C_2' \left(\phi_{kl,2} n_k n_l \delta_{ij} - \frac{3}{2} \phi_{ik,2} n_j n_k - \frac{3}{2} \phi_{jk,2} n_i n_k \right) \frac{C_\eta^{3/4} k^{3/2}}{\kappa \varepsilon d}
\end{aligned} \tag{3.83}$$

n_i, n_j, n_k und n_l sind die Normalen der x_i, x_j, x_k und x_l-Komponenten zur Wand, d ist der Abstand zur Wand. Die Konstanten haben die Werte: C_1=1,8, C_2=0,6, C_1'=0,5, C_2'=0,3, κ=0,4187. $v_l \in \{v_x, v_y, v_z\}$ und $x_l \in \{x, y, z\}$.

Tab. 3.1 Gegenüberstellung der Eigenschaften von groben und feinen Strukturen in Turbulenzen [24]

Grobe Strukturen	Feine Strukturen
Werden von der mittleren Strömung erzeugt	Werden von den groben Strukturen erzeugt
Abhängig von Strömungsfeldgeometrie	Universell
Geordnet	Stochastisch
Erfordern deterministische Beschreibung	Können statistisch modelliert werden
Inhomogen	Homogen
Anisotrop	Isotrop
Langlebig	Kurzlebig
Diffusiv	Dissipativ
Schwierig zu modellieren	Einfacher zu modellieren

Der vorletzte Term ist wie folgt definiert:

$$\Omega_{ij} = -2\omega_k \rho \left(v_i'' v_l'' \epsilon_{jkl} + v_j'' v_l'' \epsilon_{ikl} \right) \tag{3.84}$$

ω_k ist die Winkelgeschwindigkeit. ϵ_{ijk} ist 1, wenn i, j und k unterschiedlich sind und sich in zyklischer Anordnung befinden. ϵ_{ijk} ist -1, wenn i, j und k unterschiedlich sind, und in antizyklischer Anordnung. ϵ_{ijk} ist 0, wenn zwei Indizes gleich sind.

Der letzte Term lässt sich mit

$$\varepsilon_{ij} = \frac{2}{3} \rho \varepsilon \delta_{ij} \tag{3.85}$$

auf die skalare Dissipationsrate ε zurückführen [38], da Dissipation auf molekularer Ebene stattfindet und dort meist von isotroper Turbulenz ausgegangen werden kann.

3.2   Large-Eddy-Simulation

Die Turbulenz enthält Strukturen unterschiedlicher räumlicher und zeitlicher Ausdehnung. Man kann diese in grobe großskalige Strukturen und feine kleinskalige Strukturen unterteilen (Tab. 3.1). Die groben Strukturen sind viel energiereicher als die feinen Strukturen, und somit die effektivsten Träger der Erhaltungsgrößen. Eine Methode, die die groben Strukturen genauer behandelt als die kleinen, kann daher sinnvoll sein [42]. Die Large-Eddy-Simulation (LES) ist genau eine solche Methode. Die Basisidee der LES besteht darin, die groben Strukturen direkt zu berechnen und feinen Strukturen über ein geeignetes Turbulenzmodell einzuziehen.

Zur Trennung der groben Strukturen von den feinen Strukturen wird eine mathematische Filterung wie z. B. Rechteck-, Fourier-Cutoff-, oder Gauß-Filterung [27] verwendet. Somit wird jede lokale Strömungsgröße ϕ als Summe von gefiltertem Wert $\widetilde{\phi_G}$ und Schwankungswert ϕ_F'' aufgefasst:

$$\phi = \widetilde{\phi_G} + \phi_F'' \tag{3.86}$$

Analog zur RANS-Methode entstehen im Erhaltungsgleichungssystem neue Terme. Die bedeutenden Terme, die nicht vernachlässigt werden, sind die sog. Feinstruktur-Spannungen τ_{ij} und Feinstruktur-Wärmeströme q_{ij} [43]. Zur Approximation dieser Terme werden die sog. Kleinskalenmodelle oder kurz SGS-Modelle (SGS für subgrid-scale) eingesetzt. Einige dieser Modelle sind an die im Abschn. 3.1.1 beschrieben Turbulenzmodelle angelehnt. Des Weiteren lassen sich Ähnlichkeit- und dynamische Modelle finden, die die Wechselwirkung zwischen den kleinsten aufgelösten und den größten nicht-aufgelösten Skalen zu beschreiben versuchen [44].

Das verbreitetste SGS-Modell ist das Smagorinsky-Lilly-Modell. Smagorinsky [45] schlug vor, die Boussinesq-Hypothese heranzuziehen, um die feinen Strukturen in der Turbulenz zu berechnen, da diese meistens isotrop sind:

$$\tau_{ij} = -2\eta_{T,SGS}S_{ij} + \frac{1}{3}\tau_{kk}\delta_{ij} \tag{3.87}$$

$$S_{ij} = \frac{1}{2}\left(\frac{\partial v_i}{\partial x_j} + \frac{\partial v_j}{\partial x_i}\right) - \frac{1}{3}\vec{\nabla}.\vec{v}\delta_{ij} \tag{3.88}$$

$\eta_{T,SGS}$ wird die SGS-Wirbelviskosität genannt, S_{ij} den gefilterten Deformationstensor, und der zweite Term auf der rechten Seite der Gl. (3.87) den turbulenten Druck.

Die SGS-Wirbelviskosität wird folgendermaßen ermittelt:

$$\eta_{T,SGS} = \rho C_s^2 s^2 \sqrt{2S_{ij}S_{ij}} \tag{3.89}$$

C_s wird Smagorinsky-Konstante genannt, s ist die Filterweite.

Der Spannungstensor τ_{kk} kann in ähnlicher Weise bestimmt werden:

$$\tau_{kk} = 2\rho C_k s^2 \sqrt{2S_{ij}S_{ij}} \tag{3.90}$$

Erlebacher et al. [46] haben allerdings herausgefunden, dass τ_{kk} vernachlässigt werden kann, weil $C_k \ll C_s^2$.

Die Smagroinsky-Konstante variiert zwischen 0,065 und 0,3, abhängig vom jeweiligen Fluidströmungsproblem. Der Unterschied in der C_s wird auf die Effekte der Dehnung und Spannung der Fluidströmung zurückgeführt [43]. Dies gibt einen Hinweis darauf, dass das Verhalten der Feinstrukturen in der Turbulenz nicht so universell ist. In der Berechnung der meisten internen Strömungen wird eine C_s im Bereich 0,1–0,13 dennoch gewählt, wie von Piomelli et al. [47] und Scotti et al. [48] vorgeschlagen wurde.

Die Größe der turbulenten Strukturen verändert sich in Wandnähe stark. Dies gilt insbesondere für hohe Reynoldszahlen, weil die Dicke der Grenzschicht mit zunehmender Reynoldszahl abnimmt. Andererseits findet in Wandnähe eine Produktion der kleinen turbulenten Strukturen statt. Ein Ansatz zur Berechnung der wandnahen turbulenten Strukturen ist die Modellierung der SGS-Wirbelviskosität mit der Wandfunktion:

$$\eta_{T,SGS} = \rho \left[min\left(\kappa d, f_\eta C_s s\right) \right]^2 \sqrt{2 S_{ij} S_{ij}} \tag{3.91}$$

κ ist die Kármán-Konstante (0,4187), d ist der Abstand zur nächsten Wand, und f_η wird als Dämpfungsfunktion bezeichnet.

f_η kann nach [49] wie folgt bestimmt werden:

$$f_\eta = 1 - exp\left(-d^+/25\right) \tag{3.92}$$

oder nach [50]:

$$f_\eta = \sqrt{1 - exp\left[\left(-d^+/25\right)^3\right]} \tag{3.93}$$

d^+ ist der dimensionslose Wandabstand [51].

q_{ij} wird in ähnlicher Weise wie τ_{ij} modelliert:

$$q_{ij} = -\rho \frac{C_s^2}{Pr_{T,SGS}} s^2 \sqrt{2 S_{ij} S_{ij}} \frac{\partial h}{\partial x_j} \tag{3.94}$$

$Pr_{T,SGS}$ ist die turbulente SGS-Prandtl-Zahl, sie liegt zwischen 0,2 und 0,9 [52].

Diskretisierung der Erhaltungsgleichungen

4

Das Erhaltungsgleichungssystem kann bisher nur für Spezialfälle wie stationäre eindimensionale Strömungen analytisch gelöst werden. Deshalb wird es für allgemeine Fälle numerisch gelöst. Dafür werden die Erhaltungsgleichungen diskretisiert; d. h., die partiellen Ableitungen in den Gleichungen werden in endliche Differenzen umgewandelt.

Man unterscheidet drei Methoden der Diskretisierung:

- Finite-Differenzen-Methode (FDM)
- Finite-Volumen-Methode (FVM)
- Finite-Elemente-Methode (FEM)

Abb. 4.1 vergleicht die drei Methoden miteinander. Die FDM besitzt die höchste Genauigkeit, während die FEM die höchste Flexibilität. In der Praxis hat sich bei den kommerziellen CFD-Softwares die FVM durchgesetzt, da sie eine gute Genauigkeit und Flexibilität aufweist; allerdings werden die Ableitungen nach der Zeit in der Regel mit FDM angenähert, auch wenn die räumlichen Ableitungen mit einem anderen Verfahren diskretisiert werden. Das liegt daran, dass FDM sehr effizient auf Transportvorgänge, die nur in eine Richtung wirken, angewandt werden kann [44].

Nachfolgend werden die FDM und FVM beschrieben. Zur Einführung in die FEM sei auf z. B. [53] verwiesen.

© Springer Fachmedien Wiesbaden GmbH, ein Teil von Springer Nature 2019
K. Ghaib, *Einführung in die numerische Strömungsmechanik*, essentials,
https://doi.org/10.1007/978-3-658-26923-4_4

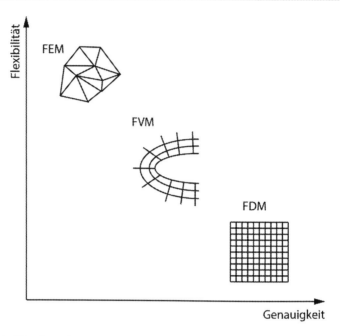

Abb. 4.1 Einteilung der Diskretisierungsmethoden bezüglich Flexibilität und Genauigkeit [24]

4.1 Finite-Differenzen-Methode

Wie obenerwähnt liefert die FDM-Methode die höchste Genauigkeit unter den Diskretisierung-Methoden, ist jedoch auf strukturierte Netze beschränkt und stellt hohe Anforderungen an die Netzqualität [24].

Diskretisierung der ersten partiellen Ableitungen
Die FDM-Methode ist die einfachste der drei Methoden [54]. Sie beruht auf der Annäherung der Differenziale $\partial/\partial x$, $\partial/\partial y$ und $\partial/\partial z$ durch die Differenzen $\Delta/\Delta x$, $\Delta/\Delta y$ und $\Delta/\Delta z$.

ϕ sei eine Strömungsgröße. Abb. 4.2 zeigt ϕ in x-Richtung, wobei die x-Achse in äquidistante Intervalle Δx unterteilt ist, an deren Grenzen die gesuchten

Abb. 4.2 Indizierung der
x-Richtung bei der Finite-
Differenzen-Methode

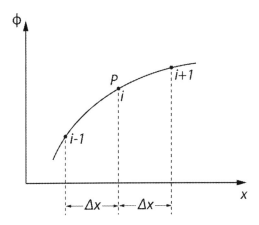

Funktionswerte zu bestimmen sind. Nach der Taylor-Reihenentwicklung (Abschn. 1.3) gilt für ϕ in Punkt P in x-Richtung:

$$\phi = \phi_i + (x - x_i)\frac{\partial \phi}{\partial x} + \frac{(x - x_i)^2}{2}\frac{\partial^2 \phi}{(\partial x)^2} + \frac{(x - x_i)^3}{6}\frac{\partial^3 \phi}{(\partial x)^3} + \dots \qquad (4.1)$$

Ersetzt man x durch x_{i+1} und x_{i-1}, erhält man die Ausdrücke:

$$\phi_{i+1} = \phi_i + (x_{i+1} - x_i)\frac{\partial \phi}{\partial x} + \frac{(x_{i+1} - x_i)^2}{2}\frac{\partial^2 \phi}{(\partial x)^2} + \frac{(x_{i+1} - x_i)^3}{6}\frac{\partial^3 \phi}{(\partial x)^3} + \dots \qquad (4.2)$$

$$\phi_{i-1} = \phi_i + (x_{i-1} - x_i)\frac{\partial \phi}{\partial x} + \frac{(x_{i-1} - x_i)^2}{2}\frac{\partial^2 \phi}{(\partial x)^2} + \frac{(x_{i-1} - x_i)^3}{6}\frac{\partial^3 \phi}{(\partial x)^3} + \dots \qquad (4.3)$$

Abbruch der Reihen in Gl. (4.2) und (4.3) nach der ersten Potenz ergibt:

$$\phi_{i+1} = \phi_i + (x_{i+1} - x_i)\frac{\partial \phi}{\partial x} + R_2 \qquad (4.4)$$

$$\phi_{i-1} = \phi_i + (x_{i-1} - x_i)\frac{\partial \phi}{\partial x} + R_2 \qquad (4.5)$$

R_2 ist das Restglied.

Löst man Gl. (4.4) und (4.5) nach der ersten Ableitung von ϕ auf, ergibt sich:

$$\frac{\partial \phi}{\partial x} = \frac{\phi_{i+1} - \phi_i}{\Delta x} - \frac{R_2}{\Delta x} \qquad (4.6)$$

$$\frac{\partial \phi}{\partial x} = \frac{\phi_i - \phi_{i-1}}{\Delta x} + \frac{R_2}{\Delta x} \qquad (4.7)$$

$R_2 / \Delta x$ wird Abbruchfehler erster Ordnung genannt. Vernachlässigt man diesen Term, erhält man die Approximationen:

$$\frac{\partial \phi}{\partial x} \approx \frac{\phi_{i+1} - \phi_i}{\Delta x} \qquad (4.8)$$

$$\frac{\partial \phi}{\partial x} \approx \frac{\phi_i - \phi_{i-1}}{\Delta x} \qquad (4.9)$$

In Gl. (4.8) ist die Differenziale $\partial/\partial x$ durch die sog. Vorwärtsdifferenz erster Ordnung approximiert, in Gl. (4.9) durch die sog. Rückwärtsdifferenz erster Ordnung.

Die Vorwärts- und Rückwärtsdifferenzen sind nur erster Ordnung genau. Diese Genauigkeitsordnung reicht für stetige Lösungen nicht aus [55]. Bildet man die Differenz von Gl. (4.2) und (4.3), erhält man:

$$\phi_{i+1} - \phi_{i-1} = 2\Delta x \frac{\partial \phi}{\partial x} + 2\frac{(\Delta x)^3}{6}\frac{\partial^3 \phi}{(\partial x)^3} + 2\frac{(\Delta x)^5}{120}\frac{\partial^5 \phi}{(\partial x)^5} + \dots \qquad (4.10)$$

Abbruch der Reihe in Gl. (4.10) nach der ersten Potenz ergibt:

$$\phi_{i+1} - \phi_{i-1} = 2\Delta x \frac{\partial \phi}{\partial x} + R_3 \qquad (4.11)$$

Löst man Gl. (4.11) nach $\partial\phi/\partial x$ und vernachlässigt R_3, erhält man:

$$\frac{\partial \phi}{\partial x} \approx \frac{\phi_{i+1} - \phi_{i-1}}{2\Delta x} \qquad (4.12)$$

Die Differenzbildung in (4.12) nennt man zentrale Differenz zweiter Ordnung, da das Restglied R_3 nur Potenzen größer 2 enthält. Man sagt, dass die Diskretisierung zweiter Ordnung genau ist. Diese Genauigkeitsordnung ist in der Regel ausreichend.

Bei Strömungsproblemen mit Unstetigkeiten wie Verdichtungsstöße oder Ränder können die zentralen Differenzen nicht eingesetzt werden, da sie einen stetigen Verlauf der Strömungsgrößen voraussetzen. Deshalb muss man in Umgebung eines Stoßes oder Randes auf einseitige Differenzen (Vorwärts- oder Rückwärtsdifferenzen) umschalten.

Diskretisierung der zweiten partiellen Ableitungen

Die Erhaltungsgleichungen beinhalten partielle Ableitungen zweiter Ordnung sowohl nach derselben Variablen ($\partial^2/\partial x^2$, $\partial^2/\partial y^2$, $\partial^2/\partial z^2$) als auch nach gemischten Variablen ($\partial^2/\partial x\partial y$, $\partial^2/\partial x\partial z$, $\partial^2/\partial y\partial z$).

Die zweite Ableitung nach derselben Variablen lässt sich mit den Vorwärts- und Rückwärtsdifferenzen bilden. Addiert man Gl. (4.2) und (4.3), so folgt:

$$\phi_{i+1} + \phi_{i-1} = 2\phi_i + 2\frac{(\Delta x)^2}{2}\frac{\partial^2\phi}{(\partial x)^2} + 2\frac{(\Delta x)^4}{24}\frac{\partial^4\phi}{(\partial x)^4} + \ldots \quad (4.13)$$

Bricht man die Reihe in Gl. (4.13) nach der zweiten Potenz, löst die Gleichung nach $\partial^2\phi/(\partial x)^2$ auf und vernachlässigt das Restglied, folgt:

$$\frac{\partial^2\phi}{(\partial x)^2} \approx \frac{\phi_{i+1} - 2\phi_i + \phi_{i-1}}{(\Delta x)^2} \quad (4.14)$$

Die zweite Ableitung nach gemischten Variablen kann mittels der zentralen Differenz in Gl. (4.12) approximiert werden, indem man zuerst die erste Ableitung $\partial\phi/\partial x$ approximiert und dann $\partial\phi_{i+1}/\partial y$ und $\partial\phi_{i-1}/\partial y$ auf die gleiche Weise (Abb. 4.3). Als Resultat erhält man:

$$\frac{\partial^2\phi}{\partial x\partial y} \approx \frac{\phi_{i+1,j+1} - \phi_{i+1,j-1} - \phi_{i-1,j+1} + \phi_{i-1,j-1}}{4\Delta x\Delta y} \quad (4.15)$$

Analog werden die Differenzen-Ausdrücke in die restlichen Richtungen gebildet.

Abb. 4.3 Indizierung des Rechenraumes bei der Finite-Differenzen-Methode

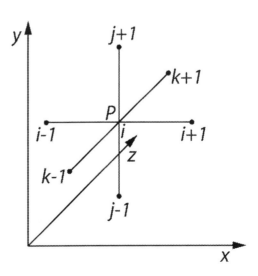

Zeitliche Diskretisierung

Abb. 4.4 zeigt die Indizierung der Zeitstufen beginnend bei t_{n-1}, wobei die kontinuierliche Zeit in äquidistante Zeitintervalle Δt unterteilt ist, an deren Intervallgrenzen die gesuchten Funktionswerte bestimmt werden.

Die zeitliche Diskretisierung kann somit mit einer Vorwärtsdifferenz durchgeführt werden:

$$\frac{\partial \phi}{\partial t} \approx \frac{\phi_{i,n+1} - \phi_{i,n}}{\Delta t} \tag{4.16}$$

Eine Rückwärtsdifferenz ist nicht möglich, da die Lösung zum Zeitpunkt t_{n+1} gesucht wird.

Bei der Vorwärtsdifferenz unterscheidet man zwischen explizitem und implizitem Verfahren, abhängig von dem Zeitpunkt, an dem die in Gl. (4.16) auftretende Zeitableitung gebildet wird. Bei dem expliziten Verfahren können die neuen Variablenwerte zum Zeitschritt t_{n+1} direkt (explizit) aus der Vergangenheit bestimmt werden:

$$\frac{\partial \phi_{i,n}}{\partial t} \approx \frac{\phi_{i,n+1} - \phi_{i,n}}{\Delta t} \tag{4.17}$$

Dabei kann die Zeitschrittweite Δt nicht beliebig gewählt werden. Aus Stabilitätsgründen muss die Courantzahl

$$C = v \frac{\Delta t}{\Delta x} \tag{4.18}$$

kleiner 1 gewählt werden [19]. Die Courantzahl ist ein Maß dafür, wie viele Zellen eines Netzes eine Transportgröße pro Zeitschritt durchströmt.

Abb. 4.4 Indizierung der Zeitstufen für die zeitliche Diskretisierung [55]

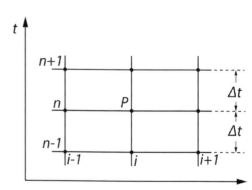

Das implizite Verfahren (Gl. (4.19)) besitzt diese Zeitschritteinschränkung nicht. Hier hat die Wahl der Zeitschrittweite lediglich Einfluss auf die Genauigkeit. Als Nachteil des impliziten Verfahrens gegenüber dem expliziten Verfahren ist der erhöhte Speicherbedarf. Dieser überwiegt aber nicht den Vorteil der numerischen Stabilität [36].

$$\frac{\partial \phi_{i,n+1}}{\partial t} \approx \frac{\phi_{i,n+1} - \phi_{i,n}}{\Delta t} \tag{4.19}$$

4.2 Finite-Volumen-Methode

Im Gegensatz zur Finite-Differenzen-Methode werden die Erhaltungsgleichungen bei der Finite-Volumen-Methode (FVM) nicht für einzelne Punkte, sondern für einzelne Kontrollvolumina bzw. Zellen im Rechennetz betrachtet. Die Kontrollvolumina können von der Geometrie her beliebig gewählt werden (Abb. 4.5), was eine exakte Abbildung von komplexen Rechengebieten ermöglicht.

Die einzelnen Kontrollvolumina eines Rechengebietes werden bei der FVM-Methode notiert. Die Notation unterscheidet sich bei strukturierten und unstrukturierten Netzen.

Jedes Kontrollvolumen besitzt einen Zentralknoten P. Bei strukturierten Netzen besitzen die benachbarten Kontrollvolumina üblicherweise die Zentralknoten O (Ost), W (West), N (Nord), S (Süd), K (Kopf) und B (Boden). Die Zellflächen zwischen P und den benachbarten Kontrollvolumina werden mit den entsprechenden Kleinbuchstaben der benachbarten Zentralknoten kennzeichnet: zwischen P und O liegt A_O, zwischen P und W A_W u.s.w. Die Punkte, an denen die Verbindung der Zentralknoten die Zellflächen schneiden, werden mit den

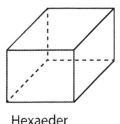

Hexaeder

Pentaeder

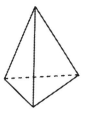

Tetraeder

Abb. 4.5 Typische Kontrollvolumina

entsprechenden Kleinbuchstaben der benachbarten Zentralknoten benannt: zwischen P und O liegt o, zwischen P und W w u.s.w (Abb. 4.6).

Bei unstrukturierten Rechennetzen kann die oben-beschriebene Notation im Allgemeinen nicht genutzt werden. Stattdessen werden die Zentralknoten der benachbarten Kontrollvolumina beispielsweise durchnummeriert [18].

Zur Beschreibung der FVM betrachten wir die allgemeine Form der Erhaltungsgleichungen (siehe Gl. (2.1)) im stationären Zustand:

$$\dot{Q} + \vec{\nabla}.\Gamma\vec{\nabla}\phi = \vec{\nabla}.\left(\rho\phi\vec{v}\right) \tag{4.20}$$

Die Zeitdiskretisierung in der numerischen Strömungsmechanik erfolgt in der Regel durch die FDM, da die Diskretisierung der Zeit nicht zwingend mit der des Ortes gekoppelt ist.

Integriert man die Gleichung über ein beliebiges Kontrollvolumen, erhält man:

$$\iiint\limits_{(V)} \dot{Q}dV + \iiint\limits_{(V)} \vec{\nabla}.\Gamma\vec{\nabla}\phi dV = \iiint\limits_{(V)} \vec{\nabla}.\left(\rho\phi\vec{v}\right)dV \tag{4.21}$$

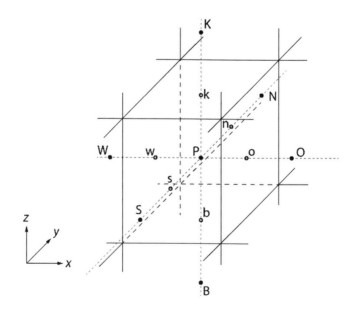

Abb. 4.6 Kontrollvolumen in einem strukturierten Rechennetz

Mit dem gaußschen Integralsatz (siehe Abschn. 1.5.7) können jetzt die Konvektions- und Diffusionsterme von Volumen- in Oberflächenintegrale umgewandelt werden:

$$\iiint\limits_{(V)} \dot{Q}dV + \oiint\limits_{(A)} \Gamma\left(\vec{\nabla}\phi.\vec{N}\right)dA = \oiint\limits_{(A)} \rho\phi\left(\vec{v}.\vec{N}\right)dA \qquad (4.22)$$

A ist die Fläche zwischen dem Kontrollvolumen und den benachbarten Kontrollvolumina, $\vec{N}$ ist die Flächennormale, die senkrecht auf dem Flächenelement dA steht.

Diskretisierung der Terme
Das Integral des Quellterms wird folgendermaßen aufgelöst:

$$\iiint\limits_{V} \dot{Q}dV = \bar{Q}V \qquad (4.23)$$

$\bar{Q}$ ist die mittlere Quellstärke, sie hängt in vielen Fällen von ϕ ab. Diese Abhängigkeit kann durch einen linearen Ansatz beschrieben werden. Sollte die Abhängigkeit nicht linear sein, muss $\bar{Q}$ ausgehend von einem Schätzwert iterativ behandelt werden. V ist das Zellvolumen.

Um die Diskretisierung des diffusiven Terms übersichtlich zu erläutern, wird ein eindimensionales gleichförmiges Netz in x-Richtung betrachtet, wie in Abb. 4.7 dargestellt, obwohl dieses praktisch nie vorkommen kann. Um die Übertragung auf höhere Dimensionen zu vereinfachen, werden jedoch die Zellflächen mitgeführt [54]. Für die Diskretisierung auf unregelmäßigen Zellen werden verschiedene Ergänzungen vorgenommen; für Einzelheiten sei auf z. B. [42, 56, 57] verwiesen.

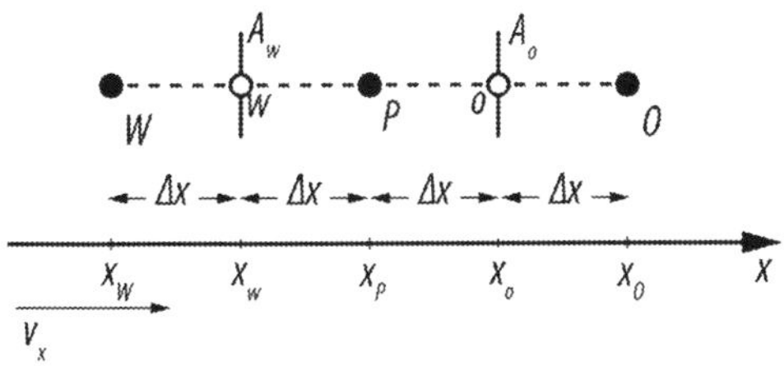

Abb. 4.7 Eindimensionales Netz

Die FVM besitzt vom Ansatz her das Potenzial der konservativen Diskretisierung, das heißt der Erhaltung der Flüsse über die Grenzen eines Kontrollvolumens. Somit kann der diffusive Term folgendermaßen aufgelöst werden:

$$\Gamma_o A_o \left(\frac{d\phi}{dx} \right)_o - \Gamma_w A_w \left(\frac{d\phi}{dx} \right)_w = 0 \qquad (4.24)$$

Die Diffusionskoeffizienten Γ_o und Γ_w sind meistens in ihren Abhängigkeiten z. B. von Druck und Temperatur bekannt. Sind die Stoffeigenschaften von ϕ abhängig, werden sie am Anfang abgeschätzt und dann iterativ verbessert. Die Flächen A_o und A_w sind durch das Netz bekannt. Die Ableitungen von ϕ werden durch das Verfahren der zentralen Differenz wie bei der FDM approximiert, indem ϕ in P, W und O verwendet werden [18], weil die Bilanzgrößen in den Zentralknoten der Kontrollvolumina berechnet werden:

$$\Gamma_o A_o \left(\frac{\phi_O - \phi_P}{x_O - x_P} \right) - \Gamma_w A_w \left(\frac{\phi_P - \phi_W}{x_P - x_W} \right) \approx 0 \qquad (4.25)$$

Formt man die algebraische lineare Gl. (4.25) um, erhält man:

$$\left(\frac{\Gamma_o A_o}{x_O - x_P} + \frac{\Gamma_w A_w}{x_P - x_W} \right) \phi_P \approx \left(\frac{\Gamma_o A_o}{x_O - x_P} \right) \phi_O + \left(\frac{\Gamma_w A_w}{x_P - x_W} \right) \phi_W \qquad (4.26)$$

Analog zur Vorgehensweise bei dem diffusiven Term wird der konvektive Term wie folgt formuliert:

$$\rho_o v_{xo} A_o \phi_o - \rho_w v_{xw} A_w \phi_w = 0 \qquad (4.27)$$

Die Geschwindigkeiten v_{xo} und v_{xw} werden an den Zellflächen als bekannt vorausgesetzt. Hängen sie von ϕ ab, müssen sie zuerst abgeschätzt und dann iterativ verbessert werden.

Wie bei dem diffusiven Term werden hier ϕ_o und ϕ_w mit ϕ in Zentralknoten approximiert. Es gibt mehrere Verfahren, die dafür eingesetzt werden [18, 54]. Dazu zählen das Verfahren der zentralen Differenz hier auch und Upwind-Verfahren. Das Verfahren der zentralen Differenz berechnet ϕ auf der Zellfläche durch lineare Interpolation zwischen den Werten in den benachbarten Zentralknoten. Für das betrachtete Netz in Abb. 4.7 folgt:

$$\phi_w \approx \frac{\phi_W + \phi_P}{2} \qquad (4.28)$$

$$\phi_o \approx \frac{\phi_P + \phi_O}{2} \qquad (4.29)$$

Das Zentraldifferenzenverfahren ist sehr einfach, hat allerdings die Nachteile, dass es zur numerischen Oszillation neigt und nur für Gitter-Peclet-Zahlen kleiner 2 stabil ist [36]. Die Gitter-Peclet-Zahl bestimmt das Verhältnis der Konvektion und Diffusion; mehr dazu findet sich z. B. in [43]. Sie strebt gegen unendlich, wenn die Diffusion gegenüber der Konvektion vernachlässigbar ist. Bei kleinen Peclet-Zahlen spielt nur die Diffusion eine Rolle.

Bei dem Upwind-Verfahren wird ϕ auf der Zellfläche durch ϕ im nächsten stromauf gelegenen Zentralknoten ersetzt. Für unser Netz ergeben sich die folgenden Approximationen:

$$\phi_w \approx \phi_W \tag{4.30}$$

$$\phi_o \approx \phi_P \tag{4.31}$$

Das Upwind-Verfahren ist robust. Es weist allerdings den Nachteil auf, dass es Gradienten tendenziell abflacht, wenn die Gitterlinien nicht parallel zur Strömung liegen [54]. Dieser Effekt wird in Literatur als numerische Diffusion bezeichnet.

Wie bei der FDM ist es auch bei der FVM möglich, die Fehlerordnung zu erhöhen, indem zusätzliche Punkte in die Approximation der Gradienten berücksichtigt werden. Ein häufig eingesetztes Verfahren dritter Fehlerordnung ist das QUICK-Verfahren (QUICK für quadratic upstream interpolation for convective kinetics). Hierbei werden zwei Punkte stromauf und einer stromab zur Approximation des Wertes an der Zellfläche verwendet, sodass das Verfahren Eigenschaften des Zentraldifferenzen- und Upwind-Verfahrens erhält. Es wird instabil nur bei sehr hohen Gitter-Peclet-Zahlen, weist kleinere Diskretisierungsfehler und geringere numerische Diffusion durch höhere Fehlerordnung auf. Das Verfahren hat allerdings den Nachteil, dass die Lösung zum Über- bzw. Unterschießen bei hohen Gradienten von ϕ neigt [18].

Zusammenführung der Terme

Fügt man nun die Terme unter dem Einsatz des Upwind-Verfahrens bei dem konvektiven Term zusammen und sortiert man die erhaltene Gleichung um, erhält man:

$$\left(\rho_o v_{xo} A_o + \frac{\Gamma_o A_o}{x_O - x_P} + \frac{\Gamma_w A_w}{x_P - x_W} \right) \phi_P$$
$$= \left(\rho_w v_{xw} A_w + \frac{\Gamma_w A_w}{x_P - x_W} \right) \phi_W + \left(\frac{\Gamma_o A_o}{x_O - x_P} \right) \phi_O + \overline{\dot{Q}} \tag{4.32}$$

Die Vorfaktoren werden als a_P, a_O und a_W bezeichnet:

$$a_P \phi_P = a_W \phi_W + a_O \phi_O + \bar{\dot{Q}} \qquad (4.33)$$

Für das Kontrollvolumen in Abb. 4.6 erweitert sich Gl. (4.33) auf:

$$a_P \phi_P = a_W \phi_W + a_N \phi_N + a_O \phi_O + a_S \phi_S + a_K \phi_K + a_B \phi_B + \bar{\dot{Q}} \qquad (4.34)$$

4.3 Lösungsverfahren

Als Ergebnis der Diskretisierung erhält man ein lineares Gleichungssystem, dessen Matrizen nur schwach besetzt sind. Das System kann in der allgemeinen Form

$$A\vec{x} = \vec{b} \qquad (4.35)$$

dargestellt werden (siehe Abschn. 1.4).

Die Gleichungen lassen sich am effektivsten durch iterative Algorithmen lösen. Die Erhöhung des Aufwands, die sich bei den iterativen Verfahren durch mehrfaches Durchlaufen ergibt, ist klein im Verhältnis zum Aufwand, der bei klassischen direkten Lösern aus der großen Zahl von Operationen resultiert. Als iterative Verfahren seien Gauß-Seidel- oder Jacobi-Verfahren genannt. Diese sind in Abschn. 1.4.3 beschrieben.

4.4 Randbedingungen

Die Randbedingungen werden typischerweise am Zulauf, an der Wand und am Abfluss benötigt. Ihre Angaben dürfen weder zu viel noch zu wenig sein, da dann das Strömungsproblem mathematisch entweder über- oder unterbestimmt wäre.

Am Zulauf sind die Randbedingungen meistens bekannt oder zumindest mit guter Näherung abschätzbar. In der Regel werden die Größen p, T, v_x, v_y und v_z benötigt. An der Wand ist die Temperatur erforderlich. Diese wird als konstante Temperatur

$$T = T_W \qquad (4.36)$$

oder durch die Vorgabe des zur Wand normalen Temperaturgradienten

$$\left(\frac{\partial T}{\partial x_n} \right)_W = -\frac{\dot{q}}{\lambda} \qquad (4.37)$$

formuliert.

Die zur Wandrichtung normale Geschwindigkeitskomponente beträgt null, da das strömende Fluid nicht in die Wand eindringen soll. Bei reibungsbehafteten Strömungen gilt in der Regel, dass die Fluidteilchen an der Wand keine tangentiale Geschwindigkeit aufweisen. Demzufolge kann an der Wand angenommen werden:

$$v_x = v_y = v_z = 0 \tag{4.38}$$

Am Abfluss wird meistens der statistische Druck benötigt.

Rechennetz

5

Ein Rechennetz ist eine Menge von Flächen im Rechengebiet, die es in Teilgebiete zerlegen, für die die numerische Lösung bestimmt werden soll. Man unterscheidet zwischen strukturierten und unstrukturierten Netzen. Strukturierte Netze bestehen nur aus Quadern, die das Rechengebiet regelmäßig ausfüllen. Sie bieten wenig Flexibilität, haben aber eine einfache Datenstruktur. Unstrukturierte Netze beinhalten zusätzlich weitere Formen wie z. B. Tetraeder und Pentaeder. Sie haben damit eine sehr große Flexibilität. Sie lassen sich an komplexe Geometrien auch mit scharfkantigen Ecken problemlos anpassen. Ihre Datenstruktur ist aber aufwendiger und die Rechenzeit deutlich länger als bei strukturierten Netzen [29].

Ein Rechennetz muss genügend fein sein und möglichst gute Qualität aufweisen, denn grobe Netze und Netze mit schlechter Qualität können die Rechenergebnisse bis zur Unbrauchbarkeit verfälschen. Ein wichtiges Kriterium für genügend feine Netze ist die Frage nach der Netzunabhängigkeit. Es ist bei einem untersuchten System sicherzustellen, dass das gefundene Ergebnis der nummerischen Simulation unabhängig von der Wahl des Netzes ist; d. h. eine weitere Erhöhung der Anzahl oder eine Veränderung der Form der Netzflächen darf keine bzw. vernachlässigbare Auswirkungen auf das Endresultat haben. Die Netzqualität lässt sich mit den Kriterien Skewness, Aspektverhältnis und Expansionsrate beurteilen. Die Skewness ist ein Maß für die Verzerrung der einzelnen Kontrollvolumina. Die Winkel des Kontrollvolumens sollten möglichst nah dem rechten Winkel entsprechen. Der bestmögliche Skewness-Wert beträgt 0, der theoretische Grenzwert ist 1. Das Aspektverhältnis spiegelt das Seitenverhältnis eines Netzelements wider. Das Verhältnis soll den Wert 0,1 nicht unterschreiten und den Wert 10 nicht überschreiten. Die Expansionsrate kennzeichnet die Volumenänderung von einer Zelle zur nächsten. Sie soll auch zwischen 0,1 und 10 liegen [58].

© Springer Fachmedien Wiesbaden GmbH, ein Teil von Springer Nature 2019
K. Ghaib, *Einführung in die numerische Strömungsmechanik*, essentials,
https://doi.org/10.1007/978-3-658-26923-4_5

Was Sie aus diesem *essential* mitnehmen können

- Mathematische Kenntnisse, die zum Verstehen der Methoden der numerischen Strömungsmechanik helfen
- Ein Verständnis der Erhaltungsgleichungen für Masse, Impuls und Energie
- Die Fähigkeit, ein Modell zur Berechnung der Turbulenzen auszuwählen
- Wie partielle Ableitungen in endliche Differenzen umgewandelt
- Verfahren zum Lösen der Differenziergleichungen

© Springer Fachmedien Wiesbaden GmbH, ein Teil von Springer Nature 2019   81
K. Ghaib, *Einführung in die numerische Strömungsmechanik,* essentials,
https://doi.org/10.1007/978-3-658-26923-4

Literatur

1. S. K. Stein, Einführungskurs Höhere Mathematik I, ed., Springer Fachmedien, Wiesbaden, 1996.
2. T. Westermann, Mathematik für Ingenieure: Ein anwendungsorientiertes Lehrbuch, 5. Auflage ed., Springer, Berlin Heidelberg, 2008.
3. H. Martin, Numerische Strömungssimulation in der Hydrodynamik: Grundlagen und Methoden, ed., Springer-Verlag, Berlin Heidelberg, 2011.
4. M. Richter, Grundwissen Mathematik für Ingenieure, ed., Springer Fachmedien Wiesbaden, 2001.
5. M.-B. Kallenrode, Rechenmethoden der Physik: Mathematischer Begleiter zur Experimentalphysik, Zweite Auflage ed., Springer-Verlag, Berlin Heidelberg, 2005.
6. L. Papula, Mathematik für Ingenieure und Naturwissenschaftler: Band 3, 5th ed., Vieweg +Teubner Wiesbaden, 2008.
7. T. Arens, F. Hettlich, C. Karpfinger, U. Kockelkorn, K. Lichtenegger and H. Stachel, Mathematik, 3 ed., Springer, 2015.
8. H. Sigloch, Technische Fluidmechanik, 10 ed., Springer Vieweg, Berlin Heidelberg, 2017.
9. H. Schlichting and K. Gersten, Grenzschicht-Theorie, 10 ed., Springer Verlag, 2006.
10. G. Böhme, Stromungsmechanik nichtnewtonscher Fluide, 2 ed., Teubner Verlag Stuttgart, 2000.
11. H. O. jr., Prandtl – Führer durch die Strömungslehre: Grundlagen und Phänomene, ed., Springer Vieweg, Wiesbaden, 2012.
12. T. Schütz, Fahrzeugaerodynamik: Basiswissen für das Studium, ed., Springer Vieweg, Wiesbaden, 2016.
13. G. P. Merker and C. Baumgarten, Fluid- und Warmetransport Stromungslehre, ed., Vieweg+Teubner, Wiesbaden, 2009.
14. P. Klement, Vergleich verschiedener Turbulenzmodelle zur Berechnung realer Strömungen in Laufrädern, ed., Herbert Utz, München, 1999.
15. O. Reynolds, On the Dynamical Theory of Incompressible Viscous Fluids and the Determination of the Criterion, 1895, 186, 123–164. 10.1098/rsta.1895.0004.
16. A. Favre, Équations des gaz turbulents compressibles, Journal de mécanique 1965, 4, 361–421.

© Springer Fachmedien Wiesbaden GmbH, ein Teil von Springer Nature 2019   83
K. Ghaib, *Einführung in die numerische Strömungsmechanik*, essentials,
https://doi.org/10.1007/978-3-658-26923-4

17. J. Warnatz, U. Maas and R. W. Dibble, Verbrennung: Physikalisch-Chemische Grund-
    lagen, Modellierung und Simulation, Experimente, Schadstoffentstehung. 2001, Sprin-
    ger: Berlin Heidelberg.
18. R. Schwarze, CFD-Modellierung: Grundlagen und Anwendungen bei Strömungspro-
    zessen, 1. ed., Springer Vieweg, Berlin Heidelberg, 2013.
19. T. Schütz, Hucho – Aerodynamik des Automobils: Strömungsmechanik, Wärmetech-
    nik, Fahrdynamik, Komfort, 6 ed., Springer Vieweg, Wiesbaden, 2013.
20. O. Reynolds, On the extent and action of the heating surface for steam boilers, Procee-
    dings of the Literary and Philosophical Society of Manchester 1874, 14, 7–12.
21. J. Boussinesq, Théorie de l'Ecoulement Tourbillant, Mém. prés. Acad. Sci. 1877, 23,
    46–50.
22. T. J. Chung, Computational Fluid Dynamics, ed., Cambridge University Press, Cam-
    bridge, 2002.
23. L. Prandtl, Bericht uber Untersuchungen zur ausgebildeten Turbulenz, Zeitschrift für
    Angewandte Mathematik und Mechanik 1925, 5, 136–139.
24. E. Laurien and H. O. jr., Numerische Strömungsmechanik: Grundgleichungen und
    Modelle – Lösungsmethoden – Qualität und Genauigkeit, 6. Auflage ed., Springer Vie-
    weg, Wiesbaden, 2018.
25. P. Spalart and S. Allmaras, A one-equation turbulence model for aerodynamic flows,
    La Recherche Aérospatiale 1994, 1, 1, 5–21.
26. O. Frederich, Numerische Simulation und Analyse turbulenter Strömungen am Bei-
    spiel der Umströmung eines Zylinderstumpfes mit Endscheibe, in Institut für Strö-
    mungsmechanik und Technische Akustik. 2010, Technische Universität Berlin: Berlin.
27. J. Fröhlich, Large Eddy Simulation turbulenter Strömungen, ed., B.G. Teubner Verlag,
    Wiesbaden, 2006.
28. B.E.Launder and D.B.Spalding, The Numerical Computation of Turbulent Flows,
    Computer Methods in Applied Mechanics and Engineering 1974, 3 (2), 269–289.
    10.1016/0045-7825(74)90029-2.
29. J. F. Gülich, Kreiselpumpen – Handbuch für Entwicklung, Anlagenplanung und
    Betrieb, ed., Springer Vieweg, Berlin Heidelberg, 2013.
30. W. P. Jones and B. E. Launder, The prediction of laminarization with a two-equation
    model of turbulence, International Journal of Heat and Mass Transfer 1972, 15 (2),
    301–314. 10.1016/0017-9310(72)90076-2.
31. C. K. G. Lam and K. Bremhorst, A modified form of the k-epsilon model for predic-
    ting wall turbulence, Fluid Mechanics and Heat Transfer 1981, 103, 456–460.
32. K.-Y. Chien, Predictions of Channel and Boundary-Layer Flows with a Low-Rey-
    nolds-Number Turbulence Model, AIAA Journal 1982, 20 (1), 33–38.
33. V. Yakhot and S. A. Orszag, Renormalization Group Analysis of Turbulence. I. Basic
    Theory, Journal of Scientific Computing 1986, 1 (1), 3–51.
34. S. A. Orszag, I. Staroselsky, W. S. Flannery and Y. Zhang, Introduction to Renormaliz-
    ation Group Modeling of Turbulence, in Simulation and Modeling of Turbulent Flows,
    T. B. Gatski, M. Y. Hussaini and J. L. Lumley, Editors. 1996, Oxford University Press:
    New York.

35. T.-H. Shih, W. W. Liou, A. Shabbir, Z. Yang and J. Zhu, A new k-ε eddy viscosity model for high reynolds number turbulent flows, Computers & Fluids 1995, 24 (3), 227–238. 10.1016/0045-7930(94)00032-T.

36. B. Kistner, Modellierung und numerische Simulation der Nachlaufstruktur von Turbomaschinen am Beispiel einer Axialturbinenstufe, in Fachbereich Maschinenbau 1999, Technische Universität Darmstadt: Darmstadt.

37. D. C. Wilcox, Turbulence Modeling for CFD, 3 ed., D C W Industries, La Canada, 2006.

38. P. Gerlinger, Numerische Verbrennungssimulation: Effiziente numerische Simulation turbulenter Verbrennung, ed., Springer-Verlag, Berlin Heidelberg, 2005.

39. R. Anderl and P. Binde, Simulationen mit NX / Simcenter 3D: Kinematik, FEM, CFD, EM und Datenmanagement. Mit zahlreichen Beispielen für NX 9, ed., Carl Hanser Verlag, München, 2014.

40. C.-C. Rossow, K. Wolf and P. Horst, Handbuch der Luftfahrzeugtechnik, ed., Carl Hanser Verlag, München, 2014.

41. B. E. Launder, G. J. Reece and W. Rodi, Progress in the Development of a Reynolds-Stress Turbulence Closure, Journal of Fluid Mechanics 1975, 68 (3), 537–566. 10.1017/S0022112075001814.

42. J. H. Ferziger and M. Peri´c, Numerische Strömungsmechanik, ed., Springer, Berlin Heidelberg, 2008.

43. G. H. Yeoh and K. K. Yuen, Computational Fluid Dynamics in Fire Engineering, ed., Elsevier, Amsterdam, 2009.

44. H. O. jr., M. Böhle and T. Reviol, Strömungsmechanik für Ingenieure und Naturwissenschaftler, 7 ed., Springer Vieweg, Wiesbaden, 2015.

45. J. Smagorinsky, General Circulation Experiments with the Primitive Equations. I. The Basic Experiment, Monthly Weather Review 1963, 91, 99–164.

46. G. Erlebacher, M. Y. Hussaini, C. G. Speziale and T. A. Zang, Towards the Large-Eddy Simulations of Compressible Turbulent Flows, Journal of Fluid Mechanics 1992, 238, 155–185.

47. U. Piomelli, P. Moin and J. H. Ferziger, Model Consistency in Large Eddy Simulation of Turbulent Channel Flow, The Physics of Fluids 1988, 31, 1884–1891.

48. A. Scotti, C. Meneveau and D. K. Lilly, Generalized Smagorinsky Model for Anisotropic Grids, Physics of Fluids A: Fluid Dynamics 1993, 5, 2306–2308.

49. E. R. V. Driest, On Turbulent Flow Near a Wall, Journal of the Aeronautical Sciences 1956, 23, 1007–1011.

50. U. Piomelli, Models for Large Eddy Simulation of Turbulent Channel Flows Including Transpiration. 1987, Stanford University: Stanford.

51. H. O. jr., M. Böhle and T. Reviol, Strömungsmechanik: Grundlagen – Grundgleichungen – Lösungsmethoden – Softwarebeispiele, 6 ed., Vieweg+Teubner Verlag, Wiesbaden, 2011.

52. W. Zhang, A. Hamer, Michael Klassen, D. Carpenter and R. Roby, Turbulence statistics in a fire room model by large eddy simulation, Fire Safety Journal 2002, 37 721–752.

53. E. Dick, Introduction to Finite Element Methods in Computational Fluid Dynamics, in Computational Fluid Dynamics: An Introduction, J. F. Wendt, Editor. 2009, Springer: Berlin Heidelberg.

54. A. R. Paschedag, CFD in der Verfahrenstechnik: Allgemeine Grundlagen und mehrphasige Anwendungen, 1. ed., WILEY-VCH, Weinheim, 2004.

55. S. Lecheler, Numerische Strömungsberechnung; Schneller Einstieg in ANSYS CFX 18 durch einfache Beispiele, 4. ed., Springer Vieweg, Wiesbaden, 2018.

56. H. K. Versteeg and W. Malalasekera, An Introduction to Computational Fluid Dynamics, 2nd ed., Pearson Education Limited, Harlow, 2007.

57. C. Hirsch, Numerical Computation of Internal and External Flows; Volume 1: Fundamentals of Computational Fluid Dynamics, 2nd ed., Elsevier, Amsterdam, 2007.

58. M. P. Joel H. Ferziger, Computational Methods for Fluid Dynamics, 3. ed., Springer, Berlin Heidelberg, 2010.

Printed in the United States
By Bookmasters